"十四五"职业教育国家规划教材

"十四五"职业教育河南省规划教材

高等职业教育 **新形态** 教材

服饰搭配设计

第三版

张富云　吴玉娥 ◎ 主编

FUSHI
DAPEISHEJI

化学工业出版社
·北京·

内容简介

本教材依据专业教学标准和职业标准，有机融入了党的二十大报告中的内容，基于岗位职业能力，围绕服饰搭配中的几个关键因素：造型、色彩、材质、体型、风格等逻辑体系展开具体讲解与分析，并结合数字化教学资源分析不同服饰形象和服饰风格特点、服饰搭配要素的综合运用等内容。通过"教、学、做、练"合一的学习任务提高学生服饰审美水平，掌握服饰搭配、服饰风格塑造等专业技能，为从事服饰形象设计、服装陈列、服装销售、服装商品企划等职业岗位奠定基础。

本书遵循学生的认知规律，融专业性、实用性、趣味性、指导性于一体，力求知识体系清晰完整、循序渐进，语言规范、通俗易懂。本书可供服装院校师生使用，也可以作为服装类职业培训教材和服装专业从业人员及服装设计爱好者的自学参考书。

图书在版编目（CIP）数据

服饰搭配设计 / 张富云，吴玉娥主编. —3版. —北京：化学工业出版社，2023.7（2024.11重印）
"十四五"职业教育国家规划教材
ISBN 978-7-122-40404-6

Ⅰ.①服… Ⅱ.①张…②吴… Ⅲ.①服饰美学 Ⅳ.①TS941.11

中国版本图书馆 CIP 数据核字（2021）第 250132 号

责任编辑：蔡洪伟　王　芳　　　　　　　　装帧设计：王晓宇
责任校对：刘曦阳

出版发行：化学工业出版社（北京市东城区青年湖南街13号　邮政编码100011）
印　　装：北京宝隆世纪印刷有限公司
787mm×1092mm　1/16　印张13½　字数329千字　2024年11月北京第3版第3次印刷

购书咨询：010-64518888　　　　　　　　售后服务：010-64518899
网　　址：http://www.cip.com.cn
凡购买本书，如有缺损质量问题，本社销售中心负责调换。

定　　价：65.00元　　　　　　　　　　　　　　　版权所有　违者必究

第三版前言

《国家职业教育改革实施方案》中提出了围绕"教师、教材、教法"(以下简称"三教")推进教育教学改革的任务,其中教材作为"三教"改革的基础,在人才培养过程中发挥着重要作用。基于"三教"改革中新形态教材的建设目标及建设要求,我们进行了本次修订与完善。本次修订将书名由《服饰搭配艺术》更改为《服饰搭配设计》,本书作为专业基础课程配套教材,通过教材内容与形式的改革与创新,强化了学生的服饰搭配设计理论与实操能力,提升了学生的综合审美素养和岗位职业能力,为后续"服装陈列设计""橱窗展示设计""时尚买手与营销"等课程的学习奠定基础,为获取"服装陈列设计"职业技能等级证书赋能,为从事服装买手、服装陈列、服装销售、服饰形象设计等岗位培优。本次修订主要呈现以下三个特点。

一、基于立德树人教育目标融入思政元素

充分发挥课程教材"培根铸魂,启智润心"的功能,有机融入了党的二十大报告中的思想与理念,通过"课外学苑"讲述"南开中学的四十字镜箴",教导学生明德励志,修身养性,树立正确的服饰审美观。通过"课堂互动"展现"中国冬奥会上的石墨烯材料",探讨"《红楼梦》中的服饰配件",推进文化自信自强,培养学生爱国主义精神,增强学生的民族自豪感和文化自信心,铸就社会主义文化新辉煌。

二、基于"1+X"职业技能证书标准重构教材内容

结合职业岗位能力要求,对接专业教学标准、课程标准、企业技术规范等标准体系,参照《"1+X"服装陈列设计职业技能等级标准》中知识与技能要求,重构教材内容。从第二版的八个章节,精练重构为七个学习项目,围绕知识目标、能力目标和素质目标设定 26 个学习任务,按照技能证书初级、中级、高级的考核目标,将课前"学习目标"、课后"学习竞技台"、课终"配套实训练习卡"有效衔接,阶梯式提升学生服饰搭配设计职业核心素养,促进学生就业竞争力提升。

三、基于融合创新理念打造新形态教材

依据新形态教材建设标准,探索纸质教材的数字化改造,融入 30 个数字资源,提供七个学习项目的教学课件,引入国家级精品开放课程教学资源与学习平台(中国大学 mooc《服装艺术造型设计》),形成可听、可视、可练的多元化教材资源;辅助教师展开情景化、问题式、探究式教学;丰富学生真实学习体验,服务学生个性化、多样化学习需求。

教材编写团队由"双师型教师 + 企业专家"组成。编写分工为:项目一由山东科技职业学院吴玉娥编写;项目二、项目六由开封大学张富云编写;项目三、项目四以及所有课外学苑由开封大学王赪编写;项目五由开封大学石淼、常欢、郭浩编写;项目七由山东服装职业学院薛伟编写;配套实训练习卡由开封大学郭浩老师设计编写;全书由张富云统稿。郑州巨木服饰有限公司常乐、白亚磊参与了微课视频的录制。

教材中难免有疏漏之处,敬请同行专家批评指正。

编者

2022 年 10 月

目 录

项目一　认识服饰搭配

任务1　什么是服饰搭配　/002
一、服饰的定义　/002
二、服饰搭配的定义　/002
三、服饰形象的定义　/002

任务2　明确现代生活中服饰搭配的重要性　/003
一、服饰搭配是塑造个人服饰形象的前提与保障　/003
二、服饰搭配反映一个人的修养与审美水平　/003
三、完美的服饰搭配可显示社会身份，表达服饰礼仪，赢得社会尊重　/003

任务3　服饰搭配中的要素及形式　/003
一、服饰搭配中的要素　/004
二、服饰搭配中的三种形式　/006

任务4　准确应用服饰搭配的形式美法则　/008
一、形式美法则　/008
二、服饰搭配中形式美法则的应用　/009

学习竞技台　/013

课外学苑　/014

项目二　服饰搭配艺术中的款型要素

任务1　认识服装款型　/016
一、服装款型的定义　/016
二、服装款型的构成　/016

任务2　了解人体体型　/037
一、人体的基本结构　/037
二、体型分类标准　/037
三、常见体型及特征　/039

任务3　掌握款型组合、款型与体型搭配的技巧　/041
一、服装款型组合技法　/042
二、服装款型与体型搭配的技法　/044
三、款型与体型搭配的具体应用　/045

学习竞技台　/049

课外学苑　/051

项目三　服饰搭配艺术中的色彩要素

任务1　了解服装色彩的基础知识　/053
一、色彩的基础分类　/053
二、色彩的感情密码　/054
三、色彩的象征及联想　/059

任务2　掌握服饰色彩配色方法　/070
一、四大配色原则　/070
二、色彩的配色方法　/071

任务3　服饰色彩搭配的个性选择　/075
一、根据性格进行色彩选择　/075
二、根据体型进行色彩选择　/076

三、根据穿衣的场合进行色彩选择 / 077

学习竞技台 / 079

课外学苑 / 081

项目四 服饰搭配艺术中的材质要素 4

任务1 了解材质的分类与特性 / 088
一、常见服装材质的分类 / 088
二、常见服饰材质的特性 / 092

任务2 明晰服装材质与服装造型的对应关系 / 094
一、服装材质的视觉风格 / 094
二、服装材料与服装造型 / 097

任务3 正确应用材质塑造服饰形象 / 099
一、标准匀称体型与材质的对应关系 / 100
二、瘦削骨感体型与材质的对应关系 / 100
三、圆润肥胖体型与材质的对应关系 / 101
四、综合体型与材质的对应关系 / 102

学习竞技台 / 102

课外学苑 / 104

项目五 服饰搭配艺术中的装点元素 5

任务1 认识服饰配件 / 106
一、服饰配件的定义 / 106
二、服饰配件的分类 / 106
三、服饰配件在服饰搭配中的作用 / 106

任务2 应用帽饰、鞋饰装点服饰造型 / 107
一、帽饰 / 107

二、鞋饰 / 115

任务3 箱包与服饰搭配的关系 / 117
一、箱包的功能 / 118
二、箱包的分类 / 118
三、箱包在服饰搭配中的应用 / 120

任务4 首饰配件的点睛作用 / 122
一、首饰的定义 / 122
二、首饰的功能 / 122
三、首饰的分类 / 122
四、首饰在服饰搭配中的应用 / 125

任务5 发型与化妆的烘托 / 129
一、发型 / 129
二、化妆 / 132
三、不同场合的妆发搭配 / 134

学习竞技台 / 136

课外学苑 / 137

项目六 服饰搭配的综合运用 6

任务1 认识自我 / 139
一、自我自然条件 / 139
二、自我主观条件 / 139
三、自我服饰形象的确定 / 140

任务2 TPO原则的掌握与应用 / 151
一、TPO原则的定义 / 151
二、TPO原则的构成 / 152

任务3 服饰搭配中的流行与个性 / 155
一、认识服装流行 / 155
二、认识服装个性 / 161
三、服饰搭配中的流行与个性的结合 / 162

学习竞技台 /163
课外学苑 /165

项目七 典型形象的服饰风格表现 7

任务 1 成熟智慧形象的服饰风格 /167
一、成熟智慧形象的定位与表现 /167
二、成熟智慧形象服饰搭配特点 /167

任务 2 时尚前卫形象的服饰风格 /169
一、时尚前卫形象的定位与表现 /169
二、时尚前卫形象服饰搭配特点 /171

任务 3 浪漫性感形象的服饰搭配风格 /178
一、浪漫性感形象的定位与表现 /178
二、浪漫性感形象服饰搭配特点 /178

任务 4 中性化形象的服饰风格 /181
一、中性化形象的风格定位与表现 /181
二、中性化形象的搭配特点 /182

任务 5 休闲形象的服饰风格 /185
一、休闲形象的风格定位与表现 /185
二、休闲搭配的几种不同的表现 /186

学习竞技台 /189
课外学苑 /190

参考文献

二维码资源目录

序号	资源标题	页码	序号	资源标题	页码
1	感受中国传统美学	009	16	棉型机织物	092
2	点元素在服装款型中的设计应用	016	17	毛型机织物	092
3	外部轮廓造型线的设计	019	18	丝型机织物	093
4	内部轮廓线的设计	022	19	正确应用服装材质塑造服饰形象	094
5	上装面的设计	027	20	传承的文化　中式的浪漫	125
6	下装面的设计	032	21	日常妆容	134
7	重点面的设计	034	22	认识自我	139
8	人体的基本结构	037	23	服饰搭配访谈	143
9	人体体型的分类	039	24	四季色彩理论	144
10	体型与款型的搭配技巧	044	25	TPO原则的掌握与应用	151
11	色彩的基本理论	053	26	成熟稳重形象搭配技巧	167
12	服饰色彩配色方法	070	27	混搭风格形象搭配技巧	177
13	服饰色彩的个性选择	075	28	浪漫性感形象搭配技巧	178
14	专业运动服装的色彩设计	077	29	虚拟仿真——浪漫性感服饰形象	178
15	服装材质的分类与特点	088	30	中性化形象搭配技巧	181

项目一
认识服饰搭配

学习目标

1. 知识目标
- 理解服饰的含义
- 明确服饰搭配的重要性
- 了解服饰搭配过程中应遵循的美学法则

2. 能力目标
- 提升服饰搭配的美学欣赏能力
- 能够运用形式美的法则进行服饰的搭配

3. 素质目标
- 树立正确、健康的服饰审美观,提升对服饰美的鉴赏能力
- 锻造乐学、善学、勤学的专业精神
- 培养主动思考习惯,养成分析、归纳、总结的能力

任务描述

利用形式美的法则分析服饰形象的特点

课前思考

- 服饰搭配在生活和工作中重要吗?
- 服饰搭配中涉及的要素有哪些?
- 做好服饰搭配需要具备哪些专业知识与技能?

基础知识

在现代生活发展的进程中,服饰形象成为决定一个人的社会形象以及个人魅力显现的决定性因素,因此服饰艺术越来越受到人们的重视。正如伟大作家莎士比亚所说,一个人的穿着打扮就是他教养、品位、地位的最真实写照。无论在什么场合,得体的服饰是必不可少的,服饰应用到位的话,会使你的形象增色。

任务1 什么是服饰搭配

服饰搭配作为艺术设计的一种，是以追求发挥服装的最佳组合来烘托人体美为目的。常言说："三分长相，七分打扮"，这充分说明了服饰选择与搭配对塑造一个人的形象起着多么重要的作用。

一 服饰的定义

（一）狭义的服饰

狭义的服饰是指附着于服装之上或为服装主体进行搭配、修饰的装饰物的总称。如：服装上的图案、刺绣、纹样，烘托整体着装效果的箱包、鞋子、眼镜、手套、领带、丝巾等（如图1-1）。这些服饰又可以称作服饰配件，它们的作用是烘托、陪衬、点缀、美化服装，使服装的整体艺术效果更加完善，更能突出穿着者的服饰形象，使人仪态万千。

图1-1 围巾、袜、帽配饰

（二）广义的服饰

广义的服饰是指服装与饰品，即衣着及其配件的总称。我们在注重服装款式、风格变化的同时，也要注重与之相搭配的饰品的设计与选择（如图1-2）。

二 服饰搭配的定义

服饰搭配是指着装构成中上装与下装、里装与外装、衣着与装饰物在款式、材质、色彩、风格等方面的组合关系。

三 服饰形象的定义

服饰形象是通过服饰之间的搭配与组合，注重与着装者的外在形象、内在气质形成统一与融合的关系，从而增强服饰造型的

图1-2 服装为主体，装饰物为辅助

魅力，给人视觉以舒适感和美的享受。成功的服饰形象打造是构建整体完美人物形象的重要因素。

任务2　明确现代生活中服饰搭配的重要性

一　服饰搭配是塑造个人服饰形象的前提与保障

在日常生活中，大多数人是凭感觉来选择服饰搭配的，知其然而不知其所以然，这就有较大的随意性和盲目性。掌握服饰搭配的常识，可以形成自觉的服饰观念，对于服装及其配件的选择和配套就会更加可靠与稳定，服饰行为的质量和服饰文化的品位也会因此而提高，服饰形象的打造更加得体、到位。

二　服饰搭配反映一个人的修养与审美水平

套装、套裙或连衫裙，本身具有一种整体感，这主要是设计师赋予服装的，而单件服装的搭配全靠消费者自己的审美水准及对服装风格的把握和理解。什么时间、什么地点、什么场合选择搭配什么样的服饰，这些看似简单的问题，其实包含了颜色、面料是否般配，是否适应自己的肤色、体型、气质，是否与周围的环境相协调等细节，外在的服装组合搭配，显现出的却是内在的文化修养。

三　完美的服饰搭配可显示社会身份，表达服饰礼仪，赢得社会尊重

服饰是现代社会社交生活中无声的语言，恰当的应用，不但能展示出服饰礼仪，而且能够正确表达自己的意愿，赢得他人尊重。例如，牛仔裤这种超越社会限制、流行风尚及年龄象征的服装，可让穿着者充分享受生活的自由化，但是，如果穿着它去参加宴会或婚礼，跳绅士节拍的交谊舞，定会给人过于随便、轻率、有失体统的印象。办公室女性打扮得花枝招展，会给上司不稳重的印象。半老徐娘仍穿少女服饰，难免让人讥笑。而佩金戴玉过多、旗袍裹身而挎西式小包等都是穿着搭配的错位。

任务3　服饰搭配中的要素及形式

人们常说，衣服不在贵，会穿则灵。所谓会穿，就是通过和谐有序的服饰搭配，展现出每个人最完美的一面。因此，在整体形象中服饰表现得生动有致或呆板松散，完全取决于服

 服饰搭配设计

饰与穿着者之间、服饰与服饰之间、服饰与环境之间的搭配是否合适,而这些取决于服饰搭配中的各种要素的选用与形式的组合。

一 服饰搭配中的要素

(一)色彩的搭配美

服饰的美是造型、色彩与材质的综合体现,然而首先映入眼帘的是服装色彩,不同的色相、明度、纯度表达出不同的感情,给人以丰富的视觉与心理感受。因此色彩是服饰搭配中的首要因素,不同的着装、不同的场合、不同的对象、不同的季节都应配合不同的流行色彩,给人以全新的美感。如主体服装色彩鲜艳明亮,配饰可以采用同样亮度和彩度的物品(如图1-3)。服装色彩淡雅朴素,配饰色彩可以选择同色系不同明度的物品,营造服饰搭配的层次感(如图1-4)。

图1-3 艳丽色彩的服饰

图1-4 淡雅色彩的服饰

（二）造型的元素美

服装的造型即是服装的款式，服装的造型千变万化，每一种造型都有相应的服装风格的显现。造型中的元素点、线、面转化为服装各部位的款式细节，在服饰搭配过程中款式之间的组合，款式与人体之间的映衬关系，款式与环境的协调都必须与穿着的具体的条件相适应。

（三）材质的质地美

材质是构成服装的物质基础。服饰搭配中材质的质地美包括服装选用材料的质感、光泽、色感、图案、厚薄等方面形成的视觉与触觉感受，以及与服装构成，与穿着者的肤色、形体，周围环境、季节相协调而产生的美感。

如服装采用皮衣外套，搭配肌理丰富的皮包，内搭柔软细致的毛衫，衬托出皮革挺括华贵的光泽美感（图1-5）。

图1-5 皮衣的服饰搭配

（四）配件的装饰美

服饰配件在服饰搭配中起到画龙点睛的作用。西服中的领带，晚礼服的首饰，女职业套装中的丝巾、箱包与鞋子，恰到好处的服饰配件能使整体服饰形象熠熠生辉，增添个人魅力。

（五）仪容的装扮美

在服饰搭配艺术中，我们不但要注重服装主体与配饰的选择，而且要重视得体的发型与妆容。得当的发型与妆容体现着人与服饰的协调，弥补脸部缺陷，美化个人形象。

（六）自身的人体美

人体美指的是人的体型的健康之美。服饰搭配的目的之一就是美化、修正人体。在服饰搭配过程中，我们要充分了解不同体型特点，能够利用服饰选择把人体不理想的部分加以美化，扬长避短，弥补外形的欠缺。

（七）流行的元素美

服装是时尚的产物，流行是服饰的生命。在服饰搭配中我们要注重流行元素的应用，比

如流行的色彩，流行的材质，流行的饰物，流行的风格。一种流行风尚的形成，它必然是新颖的，带有鲜明的时代感，在材料、色彩、线条、性能等方面彰显出不同以往的魅力，因此在服饰搭配中想要彰显时尚，流行元素必不可少。

（八）个性的张扬美

在服饰搭配中流行元素的应用极其重要，但完全照搬流行并不可取，因为流行的元素并不适合任何人，在流行中找准自己的定位，进行创新应用，在流行中彰显个性之美，才是服饰形象塑造的最高境界。

> **课堂互动　成语中的服饰美学**
>
> 同学们，成语是中国语言文字的精华展现，与服饰相关的成语中折射出丰富的美学思想，耐人寻味。谁能列举几个与服饰相关的成语，并分析一下其中蕴含的服饰特点？

二　服饰搭配中的三种形式

（一）服饰自身的搭配

服饰自身的搭配主要包括款式造型之间的搭配、色彩之间的搭配、材质之间的搭配、服装与饰品之间的搭配、服饰风格之间的搭配。

1. 造型方面

服装与服饰有相同或相似结构的能够达成统一。比如背心式连衣裙的结构简洁明了，色彩搭配和谐，再有一顶富有特色的帽子与之相配更增强了这种朴实简洁的风格。

2. 色彩方面

基本色调系同类邻近色的色彩关系要能够统一。当服装的基调过于单调沉闷时可用丰富、明亮的饰品色彩来画龙点睛，为着装者注入青春和活力（如图1-6）。当服装色彩显得强烈、夺目时，可用单调、含蓄的饰物来中和，让服饰和服装协调统一。

3. 材质方面

服装与服饰的材料或质地要统一和谐。例如服装材质是天然的棉、麻材料，与之配套的饰物应是木质的手镯、天然的贝壳等，黄金、钻石则显的不和谐（如图1-7）。

（二）服饰和着装者的搭配

1. 服饰与着装者的体型搭配

人的体型特点各不相同，高矮肥瘦各有特点，因此要根据不同的体型特点进行合理的服饰搭配，做到扬长避短，才能更好地展示自我魅力。

2. 服饰与着装者的年龄搭配

不同年龄层次有不同的状态，如20岁的青春洋溢，30岁的优雅成熟，40岁的高贵典雅……针对不同年龄段选择合适的服饰搭配，可以更好地彰显出不同年龄的美感。

3. 服饰与着装者的气质搭配

服装搭配讲究的不只是好看舒服，还要与个人的气质气韵相吻合。热情奔放者，服饰浓艳大胆；拘谨矜持者，款式保守、色调深沉；淡泊含蓄者，服装清新素雅。

图 1-6　配饰点缀服装

图 1-7　棉麻服装的配饰

4. 服饰与着装者的职业搭配

人们用服饰作为展示社会形象、沟通社会人际关系的一种文化载体。不同的职业形象需要对服装正确的选择与穿着。比如教师的着装要给人以美感，既不奇特古怪、艳丽花哨，又优美不俗。

（三）服饰与时间、场合、环境的搭配

1. 服饰与时间的搭配

季节不同，服饰选择不同，冬天有皮衣、手套、棉靴。夏天有纱裙、短裤、太阳帽。不同的时间段，服饰的搭配也不尽相同，比如西方礼服有晚礼服、晨礼服。

2. 服饰与场合的搭配

服饰搭配要与一定场合协调统一。比如当今社会的女性群体大多是职业女性上班族。就着装而言，柔和色调的裙装和裤装是首选，局部可用反差较大的色调调和以求变化。发型简单，首饰轻巧别致，这种简洁大方的服饰搭配会给人以精明能干、端庄秀丽的事业形象。但是若在庆典、宴会场合，如穿着普通又不施粉黛，无任何装饰，则会显得清贫寡淡、索然无味，与欢庆场合格格不入。

3. 服饰与环境的搭配

一个人的穿衣风格和款式要根据他所处的环境来选择。如果工作环境是在办公室，服饰

搭配就要整洁利落,但不要太过刻板,细节处做一点亮点装饰即可。如果工作环境是户外场地,服饰搭配就要考虑实用性和方便性。

> **课堂互动　谈谈你对大学生校园着装的感想**
>
> 同学们,你认为大学生在校园里应该怎样着装?能否阐述一下你欣赏的服饰穿搭。

任务 4　准确应用服饰搭配的形式美法则

一　形式美法则

(一)形式美的定义

形式美是指自然、生活、艺术中各种形式因素(色彩、线条、形体、声音)的自然属性及其有规律的组合所具有的审美特性。形式美是人们对在实践活动中创造的美的事物的外部特征的高度概括和自觉运用的结果。

(二)形式美的基本原理

形式美是对自然美加以分析、组织、利用的具体显现。其主要有比例、对称与均衡、节奏与韵律、强调、对比与统一等几个方面的内容(见图1-8)。

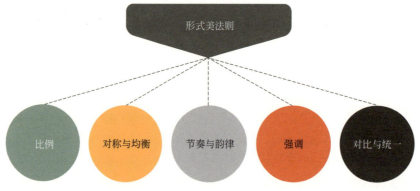

图1-8　形式美法则

1. 比例

(1)概念　比例是部分与部分或部分与全体之间的数量关系。在艺术创作和审美活动中,比例实质上是指形式对象内部各要素的数量关系。

(2)表现形式　如不同形状的长宽比,不同物质属性的面积比,不同色彩的跨度比。恰当的比例则有一种和谐的美感,成为形式美法则的重要内容。美的比例是平面构图中一切视觉单位的大小,以及各单位间编排组合的重要因素。

2. 对称与均衡

（1）概念　对称是平衡的常见形式。均衡是对称的特殊形式，在不对称中求平衡。均衡是指几种不同形态之间相互保证均衡状态的既对立又统一的空间关系，其具体表现为对称与均衡两种形式。

（2）表现形式　对称的形态在视觉上给人以自然、安定、典雅、庄重、完美。均衡的特点是两侧的形体不必等同，量也不一定相当。均衡也是一种对称，属于比较自由的对称。均衡在静中求动，是变化的对称。

3. 节奏与韵律

（1）概念　节奏本是指音乐中节拍轻重缓急的变化和重复。节奏这个具有时间感的用语在构成设计上是指同一视觉要素连续重复时所产生的运动感。韵律原指音乐（诗歌）的声韵和节奏。节奏是韵律的条件，韵律是节奏的深化。

（2）表现形式　在款式构成中，单纯的设计元素组合重复容易单调，而通过有规则变化的形象或色彩，以数比、等比处理排列，使之产生音乐、诗歌的节奏感与旋律感。

4. 强调

（1）概念　强调是指整体中最醒目的部分，它不一定是面积最大的，但最有"特异"效能。

（2）表现形式　通过色彩反差、体积突出或是材质差异等不同，突出要表现的主体，具有吸引人视觉的强大优势，起到画龙点睛的作用。

5. 对比与统一

（1）概念　事物要素通过对比使具有明显差异矛盾和对立的双方或多方在一定的条件下共处于一个完整的艺术统一体中，形成相反相成的关系。

（2）表现形式　对比与统一的关系主要通过视觉形象冷暖、大小、粗细、高矮等多方面的对立因素来达到的。它体现了哲学上矛盾统一的世界观。哲学家费希纳认为两种事物对比所产生的总体效果，要比它们分别产生的效果更为强烈。

二　服饰搭配中形式美法则的应用

1. 感受中国传统美学

服饰搭配作为艺术设计的一种，是以追求发挥服装的最佳组合来烘托人体美为其目的。形式美法则对于服饰搭配具有重要作用，服饰搭配既要遵循形式美法则的规定，又要考虑不同人的感觉。只有运用形式美法则并且不断创新求变，才能为人类设计出更多更美的服饰。

（一）比例的运用

对于服装来讲，比例就是服装各部分长短、数量、大小之间的对比关系。当服装的数值关系达到美的统一和协调，则称为比例美。

1. 长度比例的运用

服装中各部件长度、部件与整体服装长度的关系，如帽子、上衣、半裙、靴子等各部件长度，及其在整体服饰中所占比例大小（如图1-9）。

2. 面积比例的运用

服装中可以应用不同色彩的块面大小形成不同的比例关系，也可以是各部件与整体之间的比例大小关系（如图1-10）。

（二）对称与均衡的运用

对称与均衡是指服装中心两边的视觉趣味、分量关系，它是服装形式美原理的重要组成部分，可以是造型、面料、工艺、结构、色彩等元素的对称与均衡关系。

1. 对称关系应用

在服装搭配中可表现出一种严谨、端庄、安定的风格（如图1-11）。

2. 均衡关系应用

打破了对称式平衡的呆板与严肃，营造出活泼、动态、生动的着装情趣，追求静中有动，以获得不同凡响的艺术效果（如图1-12）。

图1-9　长度比例的运用

图1-10　面积比例的运用

图1-11　对称关系应用

图1-12　均衡关系应用

（三）节奏与韵律的运用

在服饰搭配中，节奏与韵律表达形式多种多样，结合不同的服装风格，巧妙应用节奏、韵律可以取得独特的美感。

1. 色彩、图案的节奏与韵律

服装中的单一的折线图案重复的排列可以形成丰富的节奏感（如图1-13）。

2. 造型元素的节奏与韵律

点、线、面、体的规律排列也能够产生节奏与韵律的美感。比如纽扣的排列。

3. 面料的节奏与韵律

面料的排序、叠加、渐变、折叠、缠绕等造型手法都可以形成节奏与韵律的美感。比如通过弧线形状的裙纱层层排列，创造出极富动感的曲线韵律（如图1-14）。

图1-13　图案重复的节奏感

图1-14　曲线的韵律

（四）强调的运用

应用强调法则可以转移人的注意力，有效地掩盖人体的缺点，突出人体的优点，把最美的着装效果展示出来。

1. 造型上的强调

通过对服装廓形或某个部位的夸张强调，达到展现造型效果、修饰人体的作用。比如平宽一字肩型，通过强调肩部的平宽效果，美化人体肩部造型。利用蓬松的褶裥突出服装立体造型感，通过廓形的强调使服装更具魅力（如图1-15）。

2. 色彩的强调

通过强调、夸张服装的色彩打造视觉重点。在大面积黑色中使用小面积的白色图形，色彩的强对比，突出了白色图案的视觉冲击（如图1-16）。

3. 材质肌理的强调

对服装的材质进行突出强调，利用材质的软硬、肌理进行服饰形象打造。

图1-15　强调廓形夸张　　　图1-16　胸前立体花边强调

（五）对比与统一的协调运用

对比与统一是服装形式美法则中最基本、最重要的一条，它们相辅相成，相互依存。

1. 对比的应用

在服装搭配中采用款式组合、色彩变化、材质丰富形成对比的艺术效果，增加服装艺术形式的多样化（如图1-17）。

图1-17　对比的多种运用　　　图1-18　变化中的和谐统一

2. 统一的应用

在变化中找和谐，在对比中求统一，才能使服装搭配更加完美。比如几种图案各由不同的面料搭配在一起，使得整体服饰变化多样，通过同类色的配色又可以很好地融合统一（如图1-18）。

项目一 认识服饰搭配

知识大比拼（30分）

说明：将正确的选项填在括号中，每空6分，共计30分。

1. 服饰搭配的重要性体现在（　　）。
   A. 是塑造个人服饰形象的前提与保障　　B. 反映一个人的修养与审美水平
   C. 表达服饰礼仪　　　　　　　　　　　D. 显示工作性质
2. 下列属于服饰搭配要素的是（　　）。
   A. 色彩的搭配美　　　　　　　　　　　B. 造型的元素美
   C. 材质的质地美　　　　　　　　　　　D. 配件的装饰美
3. 服饰搭配中的三种形式包括（　　）。
   A. 服饰价值的搭配　　　　　　　　　　B. 服饰和着装者的搭配
   C. 服饰自身的搭配　　　　　　　　　　D. 服饰与时间、场合、环境的搭配
4. 平宽一字肩型，通过强调肩部的平宽效果，达到美化人体肩部造型，这种方法属于（　　）。
   A. 色彩的强调　　　　　　　　　　　　B. 造型的强调
   C. 材质的强调　　　　　　　　　　　　D. 配件的强调
5. "对称与均衡"法则运用的服装艺术效果表现为（　　）。
   A. 均衡关系在服装搭配中表现出一种严谨、端庄、安定的风格
   B. 对称关系打破了平衡，营造出活泼、动态、生动的着装情趣
   C. 服装中心两边的视觉趣味、分量关系
   D. 服装中各部件长度、部件与整体服装长度的关系

技能大比武（70分）

传统国货品牌重新审视自身，大胆创新突破，让年轻消费者感受到"潮"的惊喜。如下面品牌服装用实际行动诠释了国潮，用"悟道"系列重新定义了中国文化与时尚的融合。以小组为单位对下图中服饰搭配的特色进行讨论，同时再搜集2~3个国潮品牌服饰，分析其典型服饰产品中运用的形式美原则，根据以上要求制作汇报PPT，选派代表进行汇报发言。

教师来评价

（评价说明：教师根据以下评分标准为学生的技能大比武项目进行打分，也可以根据需要调整各项分值或增、减评分项）

1. 能够精准找出服饰搭配的特色（10分）
2. 能够精准解读出服饰搭配中运用的具体形式美原则。（20分）
3. 发言代表语言表达流畅，仪态大方得体。（10分）
4. 团队分工明确，协作效果好。（10分）
5. PPT制作精美，图文并茂，构图严谨，条理清晰，分析全面。（20分）

学生得分总评

知识大比拼分值 _____　　技能大比武分值 _____

南开中学的四十字镜箴

面必净，发必理，衣必整，纽必结。
头容正，肩容平，胸容宽，背容直。
气象：勿暴　勿傲　勿怠。
颜色：宜和　宜静　宜庄。

以上是流传于南开体系大、中学校，仅次于"允公允能，日新月异"校训的四十字容止格言，这四十个字被镌刻在校园重要通道处矗立的大镜子上，因此又称为"镜箴"，它由中国著名教育家、南开体系创建人张伯苓（1876～1951年）订立的。

张伯苓一生致力于教育救国，为中华民族的振兴作出了巨大贡献。他信奉"一衣不整，何以拯天下"的育人理念，并把这种理念凝练成四十个字，时刻提醒南开的学子要拥有清爽整洁的仪容，要身着大方得体的服饰，要保持端正矫健的身姿，要秉持平和宽仁的处世态度，要不断地修身养性，提高自身的道德情操。

每逢开学时节，新生们都通过背诵镜箴来铭记张伯苓老校长的谆谆教诲，以君子之风、华夏之礼投入到学习与生活当中。

项目二
服饰搭配艺术中的款型要素

学习目标

1. 知识目标
- 了解服装款型的构成及特点
- 明晰男、女体型的分类与特征
- 掌握服装款型与款型、款型与体型之间的搭配技巧

2. 能力目标
- 能够进行不同服装款型之间的搭配
- 能够根据穿着者体型特点选择适合的款型
- 能够根据"1+X"职业技能证书中对款型搭配技能要求,完成相应的任务

3. 素质目标
- 提升精细入微的款式观察与分析能力,增强对服装款型的创新搭配能力
- 强化团结协作精神和集体荣誉感

任务描述

为一名职场女性进行服装款型选择,利用服装款型搭配弥补其体型不足

课前思考

- 服饰款型的变化要素有哪些?
- 人体体型分类的标准是什么?
- 服装款型与人体体型如何进行呼应?

基础知识

服装款式造型是服装设计三要素之一,服装的款型不仅决定了服装的风格、特征,也对穿着者服饰形象的塑造起到决定性作用。因此,服装款型是服饰搭配艺术中的核心要素与重要内容。

任务 1 认识服装款型

一、服装款型的定义

服装款型即服装的款式造型，是设计师结合流行趋势，遵循形式美法则，运用造型元素，点、线、面、体之间的分解与组合，创新开发的服装外观新形象。服装款型是服装外观、风格的直接显现，具有鲜明的时代特征。

二、服装款型的构成

同其他造型艺术一样，服装款型也是通过四大造型要素，点、线、面、体之间的分解与组合，形成千变万化的服装外观形象。在设计过程中点、线、面、体既是独立的因素，又是一个相互关联的整体（见图2-1）。

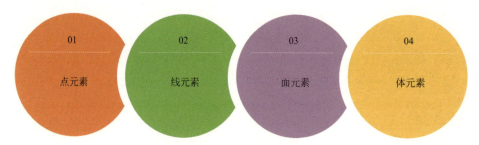

图2-1 四大造型要素

（一）"点"元素在服装款型设计中的应用

2. 点元素在服装款型中的设计应用

"点"作为造型的基础要素，在服装款型设计中被赋予位置、形状和大小等特性，起到醒目、诱导视线的作用，充分发挥点的功能性和装饰性会使服装款型更加生动美观。

"点"在服装款型设计中的应用体现在四个方面，分别是辅料"点"、饰品"点"、面料"点"以及服装零部件"点"。

1. 辅料"点"

服装中的纽扣、钉珠、亮钻、花饰、刺绣等，属于以服装辅料形式出现的点元素应用，它们多以数量化的组合对服装进行点缀与美化（如图2-2、图2-3）。

2. 饰品"点"

在服装上较小的服饰配件都可以理解为饰品点，如耳环、戒指、胸针、花饰、丝巾、提包、眼镜、帽子等。饰品点可以作为服装的配套设计，对服装整体艺术效果起到烘托作用（如图2-4）。

项目二　服饰搭配艺术中的款型要素

图 2-2　纽扣设计

图 2-3　钉珠设计

图 2-4　服装配饰

3. 面料"点"

服装面料上的波点图案、点状花纹、点状镂空等都属于面料形式的点。点状图案不仅可增强服装的趣味性、律动感，也可以借助它在服饰搭配中形成的错视现象提升搭配效果（如图 2-5、图 2-6）。

图 2-5 波点裙装

图 2-6 波点衬衣

4. 服装零部件"点"

通过造型与工艺设计,点的形式转化为服装的零部件:如口袋、领子、衣袢、蝴蝶结等。这些服装零部件兼具美化与实用价值(如图 2-7、图 2-8)。

图 2-7 领子和袋盖形成的"点"

图 2-8 蝴蝶结造型的"点"

（二）"线"元素在服装款型设计中的应用

"线"具有丰富的表现力，从形态上分为直线、曲线两大类，直线硬朗、利落，多用于男装造型；曲线柔软、优雅，多用于女装设计。决定服装款型设计的线有服装外部轮廓造型线和服装内部结构造型线。

1. 外部轮廓造型线

（1）定义　指通过服装的肩、腰、臀、下摆四个关键部位的松紧变化，所形成的服装外形周边线。

外部轮廓造型线是服装款型构成的根本，不但展现了服装的直观形象，还决定了服装外观风格，显示出了时代风貌，表达了人体美。

（2）分类　法国著名服装设计大师 Dior 创造的字母形外轮廓，是当今服装设计领域最常用、最常见的外部轮廓造型，主要包括 A、X、H、Y、V、T、O、S 形。

3. 外部轮廓造型线的设计

① A 形。服装上部收紧，下部宽松，呈现上小下大的外轮廓形，形成上紧下松的对比。由于 A 形的外轮廓线呈斜线，从而产生拉长身形的视错效果，具有优雅、洒脱、华丽、高贵之感（如图 2-9、图 2-10）。

图 2-9　A 形外轮廓裙装

图 2-10　A 形外轮廓礼服

② X 形。通过夸张肩部，收紧腰部，扩大底摆，形成肩、腰、臀、下摆对比强烈的服装外部廓形。X 形与女性形体特征十分吻合，因此又称"沙漏形"（如图 2-11、图 2-12）。

③ H 形。服装肩、腰、臀、下摆的宽度大体上无明显差别，整体造型如直筒形。这类廓形简洁、明快，具有中性化风格，适用面广（如图 2-13、图 2-14）。

④ V 形、Y 形和 T 形。V 形、Y 形和 T 形的特点非常相似，都是通过夸张肩部收紧下

摆，形成上宽下窄的倒三角形；因与男性形体特征非常吻合，所以特别适合男装设计，体现洒脱、威武、奔放的服装风格（如图2-15、图2-16）。

图2-11　X形裙装

图2-12　X形礼服

图2-13　H形男装

图2-14　H形女装

图 2-15　V 形女装　　　　　　图 2-16　V 形男装

⑤ O 形。O 形又称蚕茧形。其特点是肩部圆润，腰部宽松，下摆微收，躯干部位圆润饱满。常见的服装类型有外套、大衣、羽绒服等，其松散的轮廓，完好地隐藏了身体的曲线，使得优雅和俏皮共存（如图 2-17）。

图 2-17　O 形女装

⑥ S 形。又称紧身适体型。这是一种忠实于体型原有特征的外轮廓，它通过结构设计、面料特性等手段达到服装包裹人体，显示人体曲线美的效果。一般多用于女装造型，体现女性的性感、妩媚与柔美（如图 2-18）。

图 2-18 S 形女裙

课堂互动 传统汉服的廓形特点

同学们，说起汉服大家都不陌生吧。汉装又称华服，是中国汉民族传承了数千年的传统民族服装，从三皇五帝到明代的几千年时间里，汉民族凭借自己的智慧，创造了绚丽多彩的汉服文化，发展形成独具特色的汉服体系。那么，汉服最常用的服装廓形是什么样的，形成这样的廓形的原因是什么呢？

2. 内部结构造型线

（1）定义　服装的内部结构造型线决定了服装内部的组织结构，也是实现服装从立体到平面，再从平面到立体转变的关键，它体现在服装的各个拼接部位，使服装各部件有机组合，实现服装整体款型的表达。

（2）分类　服装的内部结构造型线主要包括省道线、分割线、褶裥线三大类。其应用形式及变化直接体现在服装板型上，不仅对服装的外轮廓形和合体性起着决定性的作用，还能增添服装的趣味性。

4. 内部轮廓线的设计

① 省道线。省道是在服装内部轮廓设计中根据人体结构起伏变化需要，围绕人体的凸点部位，将多余的布料裁剪或缝褶起来，以达到服装曲面形态符合人体特点的效果。

在服装款型设计中，省是设计的灵魂，省道的位置、长短、形态及省量的大小，影响着服装整体的造型（如图 2-19）。

② 分割线。分割线又称开刀线。它的作用是从服装造型美出发，把衣服分割成为几个部分，然后缝制成衣，兼有或取代收省道作用，以求适体、美观。

省道线与分割线虽都属于内部轮廓线，但二者有着本质的区别：首先省道线主要用于控制服装的放松量，把握服装板型的合体程度和穿着舒适性。位置固定、工艺较简单。分割线既有装饰性又有实用性，有时甚至只起单纯的装饰效果，工艺处理更加多样化。其次是在缝制上单纯的省道一般表面不压明线，分割线多数有压明线。分割线的类别如图 2-20 所示。

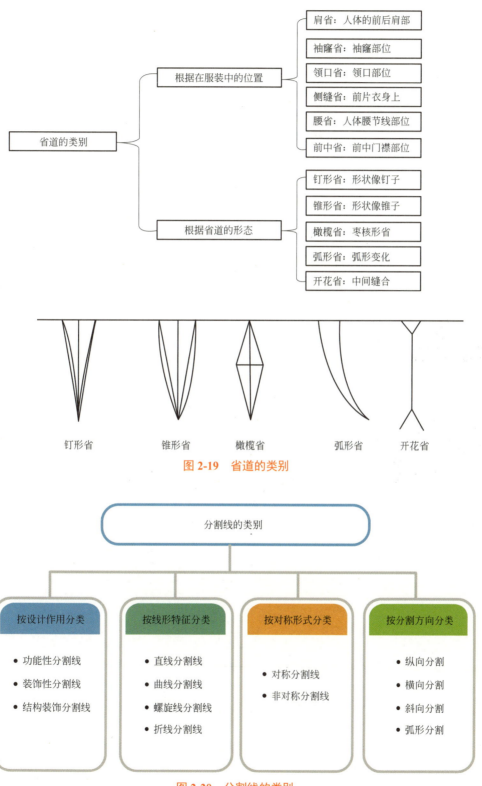

图 2-19　省道的类别

图 2-20　分割线的类别

不同的分割线所依据的分割原理与其营造出来的设计效果也大不相同。

a. 纵向分割具有纵向拉长视线、强调高度的作用,给人以修长、挺拔的美感,多出现于服装中的公主分割线、背缝线等。当多条垂直分割线成群排列时,会产生横宽感(如图 2-21)。

图 2-21　纵向分割

b. 横向分割也称水平分割,包括嵌条、缀花边、加荷叶边、缉明线或不同色块相拼等工艺手法,可取得活泼优美的服饰美感(如图 2-22)。

图 2-22　横向分割

c. 斜向分割相对来说更具活泼感、动感和力度感,给人以轻盈、灵动、活泼、时尚的感觉。斜线分割主要注意倾斜度的处理,一般来讲,45°斜向视觉效果最好(如图 2-23)。

图 2-23 斜向分割

d. 弧形分割给人以柔和、优雅、流畅的感觉，体现女性的柔美气质，具有独特的装饰作用；多用于女性服装的前胸部和背部设计（如图 2-24）。

图 2-24 弧线分割

e. 装饰分割是将多种线形与分割形式交错使用的分割方法。加以色彩变换或以不同的织物面料进行拼接，会使服装产生活泼生动、情趣盎然的美感（如图 2-25）。

图 2-25　装饰分割

③ 褶裥。褶裥是将布料折叠缝制后，形成立体、多变、富有装饰的线条状，赋予服装款型更多的韵律感与层次感。根据其外观形态与形成方法可分为褶和裥。

褶：具有立体生动的装饰效果，包括抽褶和折褶。抽褶是通过对面料抽拉、缩紧打造出蓬松、自由、流动的线条形式。折褶是通过对面料进行等距的折叠、定型形成规律的褶子，因此又称风琴褶或百褶（如图 2-26）。

裥：面料经过左右等量折叠形成的单个的褶子造型。当折叠后的裥量在内部时，称为"阴裥"；当裥量呈现在外部时为"阳裥"造型。女装半裙或上衣后背育克处多采用"阴裥"设计，体现含蓄之美（如图 2-27）。

图 2-26　百褶半裙　　　　　　　　图 2-27　阴裥半裙

（三）"面"元素在服装款型设计中的应用

"面"作为造型元素，从形态上可以分为几何形面和自由形面，几何形面规范、明了，给人以严谨、安定和有秩序的感觉，自由形面无序、多变，给人花哨、轻松、生动的感觉。

"面"元素在服装款型构成中，依据人体的特征转化为服装的零部件，分别是上装面五个：前襟面、胸面、肩面、腰面、背面；下装面两个：裤面、裙面；重点面三个：领面、袖面、袋面。通过以上十大面型之间的变化与组合，不仅构成了服装的立体形态，更展现出各异的服装款型与风格变化（图2-28）。

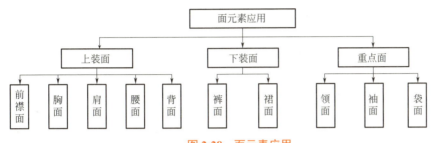

图2-28　面元素应用

5. 上装面的设计

1. 上装面

（1）前襟面　又称门襟设计，是指服装前中部位的设计，它是服装的门户，不但决定上衣的穿脱方式，而且是上装的重要装饰部位。常见的前襟面款型有以下五种。

① 叠门襟。是服装门襟设计中最常用的一种设计形式，它的结构特征表现为前襟面分为左右两片相重叠。一般男装为左前衣片叠在右前衣片上，女装相反。前襟面可挖纽洞或作暗襟，可配以明纽、暗纽；根据叠门量的大小可分为单排扣和双排扣两种。叠门襟显示庄重、大方、得体的设计特点（如图2-29、图2-30）。

② 对襟。指上装的前门襟左右衣片并合不重叠的设计，具有运动感与民族特色。如拉链对襟、套纽对襟、盘花纽对襟等（如图2-31）。

图2-29　单排扣叠门襟

图2-30　双排扣叠门襟

图2-31　拉链对襟

③ 偏襟。是指上衣的左或右前衣片的门襟偏向相异方向，形成左右不对称的设计与面的构成，更具有时尚感。偏襟的外沿边线有直线、弧线或不规则线，偏襟的面积可大可小，亦可上宽下窄或上窄下宽（如图2-32）。

图2-32　女装偏襟设计

④ 覆盖襟。是指在原有门襟样式的基础上，再将另一门襟面料覆盖在原有门襟上的设计。覆盖襟的设计常用在工装、运动装和冬季服装上（如图2-33）。

图2-33　覆盖襟

⑤ 缺襟。又称为开襟，是一种比较特殊的门襟样式，常用于女装设计，主要是在上衣衣片的中间部位故意造成空缺，增强人体的饱满感和曲线，并与内衣的设计互相映衬，形成整体造型的层次感与生动感（如图2-34）。

图 2-34　开襟设计

（2）胸面　服装的胸面造型设计是依据人体胸部特征进行的服装局部款型设计，根据性别差异与不同设计要求，一般分为以下三个类型。

① 适中型。适中型又称自然型。服装的胸面造型按照人体的实际情况进行自然的造型，既不加强也不减弱，是一种现实主义的造型方法；多用于男装和中性化风格服装（如图 2-35）。

② 加强型。加强型又称聚胸型，多用于女性的晚礼服、宴会服、现代婚礼服的设计中。服装胸面的造型通过低胸、分割、省道、支撑、硬质材质的应用，强调胸部的高度和饱满感，塑造女性的曲线美感（如图 2-36）。

图 2-35　适中型胸面设计　　　　　　　图 2-36　加强型胸面设计

③ 减弱型。减弱型又称散胸型。服装胸面造型按人体的实际情况进行减弱处理，形成

宽松、舒适、随意的效果。适合于男女家居服、休闲服、直身外套的设计（如图2-37）。

（3）肩面。肩面的造型是美化和修饰人体肩部的上装局部款型设计。根据肩型特点可以分为自然肩面、平宽一字肩面、掉肩面和狭肩面四种风格。

① 自然肩面。自然肩面是一种忠实于人体肩部原有特征的造型风格，既不夸大也不缩减肩部的轮廓，显示自然、轻松的特点（如图2-38）。

图2-37　减弱型胸面设计

图2-38　自然肩面

② 平宽一字肩面。平宽一字肩面是运用放宽肩部尺寸，使用垫肩等工艺处理方法，使肩部呈现夸张平宽的效果，常用于职业装、男装，也可表现女装的男性化风格（如图2-39）。

③ 掉肩面。掉肩造型是利用袖肩缝合处下移，在袖肩部位形成宽大、舒适、随意的效果，因此常用于休闲服装和家居服装（如图2-40）。

④ 狭肩面。狭肩面的特点与掉肩造型相反，通过缩减人体肩宽的实际尺寸，配以泡泡袖，呈现精致、可爱、紧凑的古典风格（如图2-41）。

图2-39　平宽一字肩面

图2-40　掉肩面

图2-41　狭肩面

（4）腰面　围绕人体胸廓与骨盆之间的软组织部分进行的局部款型设计就是腰面造型。为适应人体活动特征，腰面设计以柔软为主要特征，从宽松度上有紧身、直身、宽身三种造型（如图2-42）；从腰位高低上可以分为高腰、中腰、低腰（如图2-43）。腰面的设计直接决定了服装廓形，腰位的高低呈现不同的人体上下身比例，对体型的塑造至关重要。

图 2-42　紧身、直身、宽身（由左向右）

图 2-43　高腰、中腰、低腰（由左向右）

（5）背面　背面设计是依据人体后背特征进行的上装局部款型设计。这个部位是设计师们最钟爱的服装面造型之一，特别是女性的背部形体特征是个颇具性感的部位，露出的背部曲线端庄迷人，但又不会过于暴露。背部的外观效果，可以分为自然背型与装饰背型。

① 自然背型。指服装背面的设计按照人体穿着后呈现的自然形态所构成的背型。一般

无背缝、无分割线，只设计简单的省道。其外观效果整体、清晰、简洁。

②装饰背型。指上装后背从结构上设有背缝、背约克、分割线、折裥线等，从装饰手段上采用编织结构、垂坠褶皱、交叉线条、镂空、流苏、拼接等多种形式，形成丰富多彩、精致的背部设计效果。

2. 下装面

6. 下装面的设计

（1）裤面　裤装由于具备方便、舒适、适应现代生活方式的特点已经成为人们生活中必不可少的服装品类，同时裤装美化修饰了人体下肢部位。裤装的造型由腰型、臀型、立裆、中裆、裤长、裤身几个设计要素来决定。

①烟管裤。又称窄管裤，其特征为臀围紧包，裤管介于直筒裤跟紧身裤之间，纤细、修长，搭配中低腰位，有修饰拉长腿型的效果（如图2-44）。

②热裤。长及大腿根、极短而贴身，凸显女性曲线，显示性感与热辣（如图2-45）。

③百慕大短裤。是一种长至膝上两三厘米的短裤，款式一般比较随便，最初为百慕大岛的男士配半筒袜穿，所以得此名。可以分为窄版与宽松两种廓形。材质可以有多种选择（如图2-46）。

图2-44　烟管裤

图2-45　热裤

图2-46　百慕大短裤

④七分裤和九分裤。长度分别到小腿和脚踝部位的裤装，裤型变化丰富，可宽松可紧身，适合不同年龄层次、不同季节不同场合穿着（如图2-47）。

⑤阔腿裤。臀部贴合，裤管从大腿处至裤脚的宽度基本一致。宽松的轮廓，显示出大气、洒脱。能够对不完美腿型有很好的修饰，增加了两腿的修长与挺拔（如图2-48）。

⑥喇叭裤。低腰短裆，紧裹臀部。裤腿从膝盖以下逐渐张开，裤口的尺寸明显大于膝盖的尺寸，形成喇叭状。按裤口放大的程度，喇叭裤可分为大喇叭裤和小喇叭裤及微型喇叭裤。裤腿喇叭的轮廓可以有效隐藏小腿粗的缺点（如图2-49）。

图 2-47　七分裤　　　　　　图 2-48　阔腿裤　　　　　　图 2-49　喇叭裤

⑦ 哈伦裤。哈伦裤的设计特点为臀部宽松，形成堆积的褶皱，裤腿收紧，形成了上宽下窄，上松下紧的外观，休闲、舒适而俏皮。这种形态的裤子不仅可以拉长小腿，塑造出小腿的曲线轮廓，还可以有效地掩盖臀部或者大腿处的缺点（如图 2-50）。

⑧ 锥形裤。裤管的宽度从腰部到裤脚逐渐缩小，裤口尺寸一般与鞋口尺寸接近，因此又称小脚裤或萝卜裤。多以中高腰为主，适合较瘦的腿型，与各类风格的上衣都能够搭配，体现轻松、优雅而时尚的特点（如图 2-51）。

图 2-50　哈伦裤　　　　　　　　图 2-51　锥形裤

（2）裙面　裙装是现代生活最能突出女性魅力的服装，一年四季体现出不同的韵味。裙装的款式由裙长与裙身决定。从长度上可以分为超短裙、短裙、中长裙、长裙、曳地长裙等，裙身可以分为直身造型、喇叭造型、蚕茧造型、塔身造型、鱼尾造型、郁金香造型等。

不同的裙装适合不同的年龄与场合穿着，如超短裙、短裙适合少女穿着，显示青春、阳光与时尚；长裙、曳地长裙则显示典雅与庄重，非常适合出席隆重的场合穿着。对于下肢部位的掩饰与美化，裙装比裤装有更好的修饰效果。

3. 重点面

7. 重点面的设计

（1）领面　领子处于服装的上部，是人的视觉中心。领子与人的面部最近，对于人的脸形与颈部具有修饰作用，同时具有平衡和协调整体形象的作用。根据领的结构特征，可以分为无领、立领、翻领和驳领四种基本类型。

① 无领。无领又称领线，具有简洁、大方的特点，有利于展示颈部的美感，领线形态变化丰富，常用的有一字领、圆领、V形领、U形领等。不同的领线形态配合不同的脸型。比如国字脸形可以搭配圆领线、V形领线，不宜采用方形领线、一字领线（如图2-52）。

② 立领。又称竖领，是领面围绕颈部的领型，其造型严谨、庄重。从领面的高低可以分为高立领、中立领和低立领，从结构上可以分为连身立领与装立领。立领是我国传统的旗袍、中式便服、中山装最具标志性的设计，具有浓郁的东方风韵（如图2-53）。

> **课堂互动**　谈谈旗袍的款式特点
>
> 　　同学们，旗袍作为中国和世界华人女性的传统服饰，被誉为中国国粹和女性国服。它完美地展示了东方女性的神韵美，旗袍除了上面我们所提到的立领以外，还有哪些款型上的特点？

③ 翻领。是领面向外翻折的领型。翻领的形式多样，变化丰富。常见的有平翻领，如披肩领、海军领（如图2-54），具有柔软、舒展的特征。还可与帽子相连，形成连帽领。还有连座翻领，如衬衫领（如图2-55），在搭配职业套装中大多用这种领型，所以又叫职业领。

图2-52　无领

图2-53　立领

图2-54　海军领

④ 驳领。驳领又称西服领，它的结构复杂，工艺考究，具有舒展、平挺、庄重、洒脱、大气的外形效果。根据驳头造型的变化，又可以分为平驳领、枪驳领、蟹钳领和青果领。多用于男女西服、大衣等正规职业服装中，在视觉上形成阔胸、阔肩的效果（如图2-56）。

图 2-55　衬衫领

图 2-56　驳领

（2）袖面　袖面是上装造型中的重要组成部分，袖面的变化元素包括：袖肩、袖长、袖身等元素。按袖肩的结构可以分为装袖、插肩袖、连身袖；按袖子的长度可以分为无袖、短袖、半袖、七分袖、长袖；按袖身造型可以分为紧身袖、喇叭袖、灯笼袖、羊腿袖等。袖型变化不但对衣身造型效果产生影响，而且对人体的上肢起到美化作用。

① 装袖。装袖是应用最广泛的袖面设计。它是根据人体的肩部与手臂的结构特征，将袖片与袖窿部位装接缝合而成。装袖因最符合人体结构，因此在多种服装类型中都有应用，通过装袖，可以对肩部缺点，如溜肩、狭肩进行美化（如图2-57）。

② 连裁袖。又称中式袖、和服袖，是东方民族服装的一种独特造型。其结构特点是衣身与袖片连成一体裁制而成，肩部平整圆顺，有浑然一体的感觉，弱化了肩宽（如图2-58）。

③ 插肩袖。插肩袖又称连肩袖，是指袖身借助衣身的一部分而形成的袖型，因此服装的肩部全被袖子覆盖，形成流展的线条，因此会弱化肩部线条，适合肩宽厚的体型（如图2-59）。

图 2-57　装袖

图 2-58　连裁袖

图 2-59　插肩袖

（3）袋面　袋面设计又称口袋设计，在服装款型中不仅具有一定的功能性，还能够起到画龙点睛，转移视线的作用。

① 贴袋。即贴缝在衣片表面的袋型，具有工艺制作简单、变化丰富、装饰性强的特点。贴袋分为平面贴袋、立体贴袋、风琴裥式贴袋。从形态上有直角、圆角、卡通型。适用于猎装、牛仔装、童装、中山装和休闲装（如图2-60）。

② 插袋。也称缝内袋，是在服装拼接缝间（如衣身侧线、公主线、裤缝线）制作的一种口袋造型，一般比较隐蔽，实用功能较强。在插袋的基础上可以进行缉明线、加袋盖、镶边条等装饰手段（如图2-61）。

③ 挖袋。挖袋又称暗袋，是指在衣片上裁出袋口形状，袋身则在衣身里，最大程度上保持服装外表的光洁。挖袋有单嵌线和双嵌线之分，也可以加袋盖。挖袋的形式可以分为横向挖袋、纵向挖袋和斜线挖袋（如图2-62）。

图2-60　贴袋

图2-61　插袋

图2-62　挖袋

（四）"体"元素在服装款型设计中的应用

"点""线""面"元素之间的组合，最终形成服装的立体造型。服装中的"体"从表现形式上分为："雕塑体"与"建筑体"。

1. 服装的"雕塑体"

（1）定义　以人体为设计依据，将纺织品的各种褶皱形成的不同柔软曲面组合在一起而成的流畅、简洁的体态设计。令旁观者时刻感受到衣服下面活生生的人体，这个特点容易使人联想到古典雕塑中人体与服装的处理方法，所以称为"雕塑体"。

（2）"雕塑体"的设计特点与应用

① "雕塑体"充分重视人体的结构，与人体贴合紧密，因此又称适体型。

② "雕塑体"的构成材质以柔软的纺织材料为主。

③ "雕塑体"呈现古典、自然、舒适的特点，多用于实用装设计。

2. 服装的"建筑体"

（1）定义　设计的方法与建筑设计相似，设计的出发点不仅仅停留在模仿或依照人体，服装以一种独立的三维结构存在，应用各种衬垫物和支撑物，使服装造型产生一种坚硬和棱角分明的建筑风味，这种服装的体态设计被称为"建筑体"。

（2）"建筑体"的设计特点与应用

① 将人体不断抽象化，服装本身具有建筑结构，可以使之脱离穿着者的身体而独立存在。

② "建筑体"的构成材质以硬挺、坚硬的材质为主，甚至包括建筑材料、包装材料等。

③ 服装形式表现为大胆的几何体组合，与人体之间有较大的空间量，具有庞大的外观效果和空间感，常用立体构成的方法，具有前卫风格。

任务 2　了解人体体型

人的形体特征是决定我们选择何种服装款型的先决条件，了解人体的构造、分析体型的特点，才能更好地进行服装选择，利用服装扬长避短，展示自我。

一　人体的基本结构

8. 人体的基本结构

（一）人体的基本构造

人体由 206 块骨头组成骨骼结构，骨骼外面附着有 600 多块肌肉，肌肉外面包着皮肤。从解剖学的角度看，人体是由头部、躯干部、上肢部和下肢部四大体部构成。从造型上看，人体是由三个相对固定的腔体（头腔、胸腔、腹腔），一条弯曲的、有一定运动范围的脊柱和四条运动灵活的肢体所组成。

（二）体型的三要素

骨骼、肌肉、皮肤是形成体型的三大要素。

1. 骨骼

骨骼是体型构成的基础，骨骼决定人的高矮。

2. 肌肉和皮肤

肌肉附着骨骼上，皮肤覆盖肌肉上。皮肤与肌肉之间沉积着皮下脂肪，皮下脂肪并非全身各处都一样厚，如眼睑、关节、锁骨、手掌等部位就几乎没有脂肪层。与此相反，在人体的臀部、大腿部、腰部、腹部、上手臂等部位都容易沉积脂肪层，这种现象叫作皮下脂肪的选择性沉积。皮下脂肪的增厚就会造成人体某个部位的肥胖，所以肌肉和皮下脂肪的比例左右着人的胖瘦。

二　体型分类标准

（一）成年男性与女性标准体型特点

1. 成年男性

成年男性骨骼粗壮突出，颈部较粗，喉结明显隆起。肩部平宽浑厚，胸廓较长，胸肌健壮，腹部扁平。脊柱曲度小，腰节低，凹陷稍浅。骨盆高而窄，臀肌发达，皮下脂肪少。整个躯干扁平，外轮廓呈倒梯形。我国标准成年男性身高为 1.70 米，身长与头长之比约为 7.5。男性体表结构也会因其年龄、人种、胖瘦等方面的不同而产生差异。

2. 成年女性

成年女性骨骼纤小，体型圆润平滑。颈部细长，肩部较窄且向下倾斜，胸廓较狭、短小。乳房丰腴隆起，腹部圆浑，脊柱曲度大，腰节高，凹陷较深。骨盆较低，臀部丰满宽大，由于胸、腰、臀的围度差异大，整体外形富于曲线变化，呈 X 形。我国标准成年女性身高为 1.58 米，身长与头长之比约为 7.3。女性形体也会因为年龄、人种等因素而不同。

（二）体型标准

衡量人体体型的标准有三个方面：人体比例、人体体重、人体围度。对照衡量结果可以进行体型的划分。

1. 人体比例

当人体各部位之间的比例呈现出和谐、均衡的关系，总体看上去较为匀称，可以称为比例协调体型，在服饰形象搭配上就占据优势。如果人体某部位之间比例失调，就是比例不协调型体型。人体中重要的比例关系包括：

（1）头、身比例　以人的头长为单位来衡量身高，标准体形为 7.5 ～ 8 个头长。具体的划分是：第一头长到下颌底线；第二头长位于乳高点；第三头长位于腰节线；第四头长位于臀围线；第五头长位于大腿中部；第六头长位于膝关节处；第七头长位于小腿中部；第八头长位于脚跟部。其中脖子长度位于第二头长由上往下 1/3 处；肘部与腰线平齐；手伸长位于大腿中部。

（2）宽度比例

① 女性人体宽度比例为：

肩宽是 1.5 头长，腰宽为 1 个头长，臀宽为 1.5 个头长，与肩宽相同；

胸围应为身高的一半；腰围较胸围小 20 厘米；大腿围较腰围小 10 厘米；小腿围较大腿围小 20 厘米。

② 男性人体宽度比例：

肩宽为 2 ～ 2.5 个头长，腰宽为 1 个头长，臀宽为 1.5 个头长（如图 2-63、图 2-64）。

图 2-63　女性标准人体比例

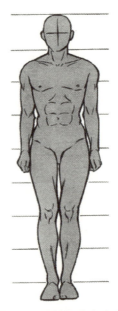
图 2-64　男性标准人体比例

2. 人体体重

体重不仅是一个人健康状况的重要指标而且是体型分类的首要依据。体重标准的人体型一般也比较标准，体重过胖或过瘦都会导致体型的不理想。通常可以用身高与体重的关系来衡量体重是否标准。

（1）**女性体重**　女性的标准体重：身高（厘米）-105= 标准体重（公斤）

例如，一个身高 160 厘米的女子，她的标准体重应该是：160（厘米）-105=55（公斤）。凡是超过标准体重 10% 者为偏重，超过标准体重 20% 以上者为肥胖，低于 10% 者为偏瘦，低于 20% 者为消瘦。

（2）**男性体重**　男性的标准体重：身高（厘米）-100= 标准体重（公斤）

例如，一个身高 170 厘米的男子，他的标准体重应该是：170（厘米）-100=70（公斤）。凡是超过标准体重 10% 者为偏重，超过 20% 以上者为肥胖，低于 10% 者为偏瘦，低于 20% 者为消瘦。

3. 人体围度

人体的胸围与腰围的差数值，也是体型分类的重要参数。依据胸围与腰围的差数，人体体型可以分为四类，代号分别为 Y、A、B、C。

（1）"Y"体型　偏瘦体型的代称，其中男子胸围与腰围之差数值为 17～22 厘米，女子胸围与腰围的差数值为 19～24 厘米。

（2）"A"体型　标准体型的代称，其中男子胸围与腰围之差数值为 12～16 厘米，女子胸围与腰围的差数值为 14～18 厘米。

（3）"B"体型　偏胖体型的代称，其中男子胸围与腰围之差数值为 7～11 厘米，女子胸围与腰围之差数值为 9～13 厘米。

（4）"C"体型　肥胖体型的代称，其中男子胸围与腰围之差数值为 2～6 厘米，女子胸围与腰围之差数值为 4～8 厘米。

性别	Y 体型（偏瘦体型）	A 体型（标准体型）	B 体型（偏胖体型）	C 体型（肥胖体型）
男	17～22 厘米	12～16 厘米	7～11 厘米	2～6 厘米
女	19～24 厘米	14～18 厘米	9～13 厘米	4～8 厘米

三　常见体型及特征

根据人体比例、人体体重、人体围度三方面的综合评判，女性和男性常见的体型如下。

9. 人体体型的分类

（一）女性常见体型及特征

1. "沙漏型"体型

"沙漏型"是女性比较理想、标准的体型。表现为身体各部分比例协调，腰肢纤细、胸臀丰满，曲线曼妙，给人匀称和谐的美感（如图 2-65）。

2. 倒三角"V"体型

对于女性来说,"V"体型是一个略显男性化的体型。表现为肩部平宽、胸部过于丰满,上肢粗壮,臀部与大腿相形见瘦(如图2-66)。

3. 梨子"A"体型

这种体型的特点呈现出胸部平坦,肩部狭窄,腰部较细,但腹部突出,臀部过于丰满,大腿粗壮,下身重量相对集中,整体呈现上小下大、上轻下重的特征(如图2-67)。

图2-65 "沙漏型"体型

图2-66 倒三角"V"体型

图2-67 梨子"A"体型

4. 长方"H"体型

这种体型特征是上下一般粗,腰身线条起伏不明显,整体上缺少"三围"的曲线变化。人体呈现两个极端,或者从上至下都瘦,或者从上至下都胖(如图2-68)。

5. 椭圆"O"体型

这是典型的肥胖体型,脂肪主要堆积在胸、腰、臀、腹部位。表现为腰肢粗壮、胸臀丰满、腹部圆润凸起(如图2-69)。

(二)男性常见体型及特征

1. 倒梯形体型

这种体型是男性最理想的体型,身形上下平衡,比例协调。表现为宽厚的肩膀和胸膛,狭窄的腰部,紧实的臀部(如图2-70)。

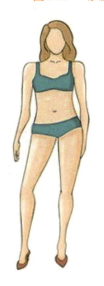
图2-68 长方"H"体型

图2-69 椭圆"O"体型

2. 倒三角"V"体型

这是一种健美体型。表现为肩部平宽，胸肌发达，臀部窄小。常见于举重运动员、健美先生的体型。由于上下身对比过于强烈，这种体型在穿衣的时候也需要修饰（如图2-71）。

3. "直尺"体型

这种体型特征表现为肩部与臀部宽度相当，常表现为瘦高的特点（如图2-72）。

4. 正三角体型

这种体型也称"梨子"体型。表现为矮胖身材。肩宽小于臀宽，臀部肥厚（如图2-73）。

5. "苹果"凸肚体型

这种体型属于肥胖体型，肩、腰、臀部位浑圆、肥厚，腹部脂肪囤积，形成"将军肚"（如图2-74）。

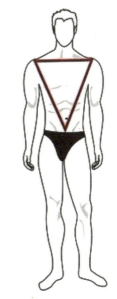

图2-70 倒梯形体型　　图2-71 倒三角"V"体型

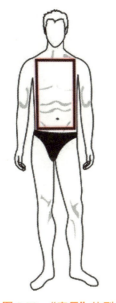
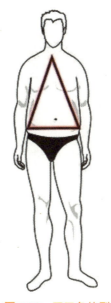
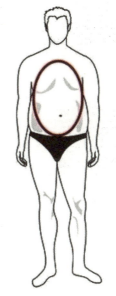

图2-72 "直尺"体型　　图2-73 正三角体型　　图2-74 "苹果"凸肚体型

任务3　掌握款型组合、款型与体型搭配的技巧

在日常生活中，具有"魔鬼身材"的人少之又少，因此把握人们的形体特征，判断人们的体型类别，运用款型组合、款型与体型的搭配技巧，通过恰当的服装款型，达到对体型修饰与美化的目的。

服饰搭配设计

一、服装款型组合技法

（一）互补型组合

1. 概念

利用服装款型的大小、长短、松紧，形成上下装、里外装相互补充、相互衬托的搭配组合形式。互补型组合利用款型之间的鲜明对比，修饰效果突出，适合各类体型应用。

2. 组合形式

（1）上短下长，如短上衣＋长裤、短上衣＋长裙等（如图2-75）。
（2）上长下短（外长里短），如长外套＋热裤、长外套＋短裙（如图2-76）。
（3）上松下紧（里紧外松），如宽松卫衣＋铅笔裤（如图2-77）。
（4）上紧下松，如紧身T恤＋哈伦裤、短外套＋阔腿裤（如图2-78）。

图2-75　上短下长

图2-76　上长下短

图2-77　上松下紧

图2-78　上紧下松

（二）顺应型组合

1. 概念

上下装的服装款型基本保持大小、长短、松紧一致的组合形式。顺应型组合搭配时尚、性感，对体型的标准度要求较高。

2. 组合形式

（1）上短下短，如短上衣＋短裤、短上衣＋短裙等（如图2-79）。
（2）上长下长，如长外套＋长裤、长风衣＋长裙（如图2-80）。
（3）上松下松，如宽松外套＋宽松裙或宽松长裤（如图2-81）。
（4）上紧下紧，如紧身上衣＋紧身裤（如图2-82）。

项目二 服饰搭配艺术中的款型要素

图2-79 上短下短

图2-80 上长下长

图2-81 上松下松

（三）混搭多层次组合

1. 概念

通过服装款型的大小、长短、松紧之间的自由组合，形成上下装、里外装的多层次的叠合穿搭的方式。混搭多层次组合具有强烈的装饰感与层次感，需要对服装款型与时尚潮流准确把握。运用得当，对人体具有很好的修饰效果。

2. 组合形式

多种多样，自由组合。可根据需要进行上装或下装的多件叠穿（如图2-83）。

图2-82 上紧下紧

图2-83 混搭多层次组合

课堂互动 谈谈款型组合技法在服装橱窗陈列中的应用

同学们，款型组合的三种技法不但可以在我们实际的生活中应用，在我们进行橱窗服装陈列中也很重要，请同学们找出一个橱窗陈列搭配的案例，分析一下款型组合技法的应用。

二 服装款型与体型搭配的技法

（一）视错修整法

1. 定义

运用服装款型所形成的视错原理，来达到修饰人体、塑造完美服饰形象的一种方法。

2. 实施步骤

（1）判断形体特征，找出需要改善、提升的部位。

（2）综合应用服装外轮廓形、内轮廓形与服装局部造型，将人体不理想的部位利用视错效应进行修正弥补，从而达到美化与提升整体形象的效果。例如针对女性的胖矮体型，可以选择带有垂直分割线或者A廓形的服装，拉长纵向视线，增加人体高度。如果腿粗且为"O"形腿，可采用微型喇叭裤或长裙来修饰。

3. 适用范围

适用所有体型，特别是局部不理想的体型。

（二）淡化转移法

1. 概念

淡化转移法是将人体某些不理想的部位进行淡化处理，然后运用服装款型的装饰效果将视觉中心转移，进而达到美化形象的效果。

2. 实施步骤

（1）判断形体特征。

（2）确定需要淡化的部位，利用服装款式制造视觉中心点。如针对女性的胖矮体型，在服装款式的选择上将修饰重点放在颈部、头部等腰线以上的部位，使视觉中心点上移，增加视觉上的修长感和集中感。

3. 适用范围

适用所有体型。

（三）烘托美化法

1. 概念

烘托美化法是指尽量展示出身体的最优美的部位，应用服装款型将这个部位进行烘托、强化，进而打造成为视觉审美中心。

2. 实施步骤

（1）判断形体特征。

（2）确定体型中最具优势的部位，利用服装款式进行烘托。如拥有纤纤腰肢的女性可以通过腰带、腰部分割突出腰肢的魅力。肩部平宽的男性可以选择肩部有装饰的服装更加打造出阳刚之气。

3. 适用范围

适用所有体型，特别是身体局部特别优美的体型。

三 款型与体型搭配的具体应用

（一）常见女性体型

1. "沙漏型"体型

（1）搭配目的 采用烘托美化法，突出腰部曲线。
（2）搭配技巧
① 适合外轮廓：A、X、S。
② 款型选择：适合选用强调腰身的连衣裙、有腰上衣+合身长裤、半宽松的上衣+包臀牛仔裤、合体上衣+喇叭裙、有腰身长款大衣、风衣、外套等（如图2-84）。

2. 倒三角"V"体型

（1）搭配目的 采用视错修整法和淡化转移法，尽量避免肩部修饰、弱化肩宽及粗壮上肢，利用饰物色彩强调来表现腰、臀和腿，避免别人的注意力集中到上部，达到身材平衡、美观的效果。
（2）搭配技巧
① 适合外轮廓：A、O、H。
② 款型选择：选用纯色或深色合体简洁的上衣、无肩缝袖类衣服、连肩袖的衣服；花色或亮色的哈伦裤、阔腿裤、蓬蓬裙、灯笼裙、花苞裙等（如图2-85）。

3. 梨子"A"体型

（1）搭配目的 采用视错修整法和淡化转移法，"强调上半身"和"弱化下半身"，把亮点都放在上半身，使下半身从视觉上显瘦。
（2）搭配技巧
① 适合外轮廓：V、X、H。
② 款型选择：上装选择装饰感强、色彩艳丽的中长款外套、西装外套；下装宜选择深色系高腰阔腿裤、高腰小A裙、合体的长裙或长裤（如图2-86）。

4. 长方"H"体型

（1）搭配目的 采用视错修整法，打破平板、生硬的身体线条，利用服装款型塑造人体曲线美。
（2）搭配技巧
① 适合外轮廓：O、A、X、H。
② 款型选择：宜采用多层叠穿和上下组合形式，利用内搭来制造腰线，搭配长外套+喇叭裤、阔腿裤；半宽松上衣+百褶半裙或哈伦裤；局部造型可采用泡泡袖、一字肩、立体贴袋，腰部的装饰必不可少，避免选择过于宽松的服装（如图2-87）。

5. 椭圆"O"体型

（1）搭配目的 采用视错修整法，避免过宽或过紧的款型，突出合身、自然、流畅的修饰效果。

图2-84 "沙漏型"体型服装搭配　　图2-85 倒三角"V"体型服装搭配　　图2-86 梨子"A"体型服装搭配

（2）搭配技巧

①适合外轮廓：H、V。

②款型选择：适合简洁、流畅、合体的套装、外套、长大衣、腰部线条不明显的连身装；腰带的颜色与上装或下装的衣服相一致；避免选择短上衣、紧身裙、紧身裤、粗腰带以及繁杂的装饰（如图2-88）。

图2-87 长方"H"体型服装搭配　　图2-88 椭圆"O"体型服装搭配

6. 矮瘦型

（1）搭配目的　采用视错修整法，拉长人体身形，塑造曲线美。
（2）搭配技巧
① 适合外轮廓：A、X、H。
② 款型选择：宜选素色、无花纹的高腰 A 字形或 X 形外轮廓的服装，适合穿同色套装、连衣裙、风衣等且配以中高跟鞋，裤子通常应选直筒裤为佳，这样可形成较高的视觉感。不宜穿着上下相等的分色衣服，这样会造成视觉上的矮小感。若上下需分色穿着时，最好上浅下深搭配穿着，再在头或肩颈部搭配一小型饰物，从而将他人的视觉焦点引向身体上方。

7. 矮胖型

（1）搭配目的　采用视错修整法、淡化转移法，拉长人体身形，利用服饰来掩盖此类体形胖和矮的缺陷。
（2）搭配技巧
① 适合外轮廓：A、H、V。
② 款型选择：宜选用修饰重点在腰线以上部位的合体套装，把视觉点往上提高，增加视觉上的修长感。可选用无领、翻领，配以项链，展露颈部线条。

（二）常见男性体型

1. 倒梯形体型

（1）搭配目的　这是男性最标准的身材，可以采用烘托美化法，突出体型优势。
（2）搭配技巧　无特别限制，裁剪合身或宽松的款型都比较适合（如图 2-89）。

2. 倒三角"V"体型

（1）搭配目的　通过服饰搭配，平衡上下身的比例关系。
（2）搭配技巧　简洁的衬衣领或无领的直身型上衣，有贴袋的裤装，还可以运用竖条纹缩减上身的宽度。忌选择宽的翻领和垫肩的衣服，以免使上半身显得更宽（如图 2-90）。

3. "直尺"体型

（1）搭配目的　通过穿衣，使肩部加宽，腰部和臀部变窄，增加身体线条感。
（2）搭配技巧　选用 V 廓形的外套、西装、夹克增加肩部宽度，使用围巾和圆形领口、大服饰图案、横条纹打造上半身的视觉中心。尽量避免选择双排扣上衣（如图 2-91）。

4. 正三角体型

（1）搭配目的　增加肩部和上半身的体量，达到与臀部和腰部的平衡。
（2）搭配技巧　适合选用 V 廓形的外套、西装、夹克、肩部有图案的上衣，增加肩部宽度，选择深色直筒裤或斜纹裤。忌选择有横条纹或横向分割的裤装，紧身裤和锥形裤同样不宜选用（如图 2-92）。

5. "苹果"凸肚体型

（1）搭配目的　通过服饰搭配掩饰或淡化凸出的腹部，拉长人体身形。
（2）搭配技巧　宜选用 H 廓形、质地硬挺、长度盖住臀部的深色或带有暗纹的外套，合体的西裤或铅笔裤。忌戴色彩鲜亮、过于显眼的腰带，皮鞋宜穿黑色，以增加下身的重量感（如图 2-93）。

6. 矮瘦体型

（1）搭配目的　拉长人体身形。

（2）搭配技巧　宜选用色彩清淡些或中灰明度的服装，使身材显得匀称丰满些。款式选择上也不宜有太多的装饰。尤其值得注意的是发型的样式，不太适合戴帽子，否则会有压迫感。皮鞋的色度也不宜过亮（如图2-94）。

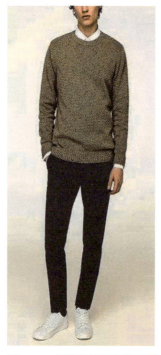  

图2-89　倒梯形体型服装搭配　　图2-90　倒三角"V"体型服装搭配　　图2-91　"直尺"体型服装搭配

图2-92　正三角体型服装搭配　　图2-93　"苹果"凸肚体型服装搭配

7. 脸大且脖子短粗型

（1）搭配目的　采用视错修整法，淡化脸大、脖子短粗的缺陷。

（2）搭配技巧　这种体型的男士穿衣需要尤其注意服装的领型变化，选择 V 字领型或简洁的衬衣领或西服领，拉长脖颈的长度，深色上衣有助于缩小上半身的体量（如图 2-95）。

图 2-94　矮瘦体型服装搭配

图 2-95　脸大且脖子短粗体型服装搭配

知识大比拼（60 分）

说明：填空，每空 2 分，共计 60 分。

1. "点"在服装款型设计中的应用体现在四个方面，分别是＿＿＿＿"点"、＿＿＿＿"点"、＿＿＿＿"点"以及＿＿＿＿"点"。

2. 决定服装款型设计的线分别是服装外部＿＿＿＿和服装内部＿＿＿＿。

3. A 形服装的特点是上部＿＿＿＿，下部＿＿＿＿，形成上紧下松的对比。

4. 服装肩、腰、臀、下摆的宽度大体上无明显差别，整体造型如直筒形，这是字母形＿＿＿＿的特点。

5. 服装中的公主分割线、背缝线等，属于＿＿＿＿分割线，具有拉长身形的效果。

6. ＿＿＿＿是将布料折叠缝制后，形成立体、多变、富有装饰的线条状，赋予服装款型更多的韵律感与层次感。根据其外观形态与形成方法可分为＿＿＿＿和＿＿＿＿。

7. 服装上装面的设计包括五部分，分别是＿＿＿＿、＿＿＿＿、＿＿＿＿、＿＿＿＿和＿＿＿＿。

8. ＿＿＿＿又称西服领，它的结构复杂，工艺考究，具有舒展、平挺、庄重、洒脱、大气的外形效果。

9. 袖面款型中，按袖肩的结构可以分为＿＿＿＿、＿＿＿＿和＿＿＿＿。

10. _____ 是女性比较理想、标准的体型。表现为身体各部分比例协调，腰肢纤细，胸臀丰满，曲线曼妙，给人匀称和谐的美感。

11. 男性健美体型表现为肩部平宽，胸肌发达，臀部窄小，称为 _____ "V"体型。

12. 服装款型的三种组合技法分别是 _____、_____ 和 _____。

13. 运用服装款型所形成的视错原理，来达到修饰人体、塑造完美服饰形象的方法称为_____。

14. 女性梨子"A"体型的服饰搭配应采用"强调 _____"和"弱化 _____"，比如上装选择装饰感强、色彩艳丽的中长款外套、西装外套；下装宜选择深色系高腰阔腿裤等。

■ 技能大比武（40分）

以分组的形式分析下图中人物的体型特征，为她进行三套服装款型的选择与搭配并形成方案，每组选派代表进行搭配设计方案汇报。

■ 教师来评价

（评价说明：教师根据以下评分标准为学生的技能大比武项目进行打分，也可以根据需要调整各项分值或增减评分项）

1. 发言者语言表达流畅，仪态大方得体。（10分）
2. 团队分工明确，协作效果好。（10分）
3. 人物体型特征特点分析全面，服饰款型搭配方案设计合理，整体性强，体现出较强的专业性与创新性。（20分）

■ 学生得分总评

知识大比拼分值 _____　　技能大比武分值 _____

文胸密码

文胸是女性内衣中一个非常重要的品种,正确选择文胸,对女性的健康与美丽至关重要。

一、罩杯尺寸

罩杯是文胸的主要组成部分。文胸罩杯分为:A、B、C、D、E五种杯型,其中A罩杯最小,E罩杯最大。罩杯选择的依据是通过上胸围(即通过乳房的最高点水平测量一周)与下胸围(即通过乳房的最低点水平测量一周)之间的差数大小而选定。参照指数分别为:上胸围－下胸围≈10厘米,应选择A罩杯;上胸围－下胸围≈12.5厘米,应选择B罩杯;上胸围－下胸围≈15厘米,应选择C罩杯;上胸围－下胸围≈17.5厘米,应选择D罩杯;上胸围－下胸围≈20厘米,应选择E罩杯。

二、文胸尺寸

文胸尺寸是指文胸的围度,这个围度对应的人体尺寸就是下胸围。围度可以分为:70厘米、75厘米、80厘米、85厘米、90厘米,对应英寸单位分别是32、34、36、38、40。

在选择文胸时,要综合考虑文胸尺寸和罩杯尺寸。比如:一位女士的下胸围是76厘米左右,上胸围与下胸围的差是14厘米左右,那么她应该选择尺寸为75厘米B罩杯的文胸。

三、罩杯类型

(1)无缝罩杯 以丝棉或泡棉一体成型的胸罩,用以搭配针织弹力T恤或贴身衣裙的穿着。无缝文胸下缘垫上衬垫,厚度由下往上递减,就是所谓的下厚上薄内衣,可有效且迅速将乳房上托提升。

(2)半罩(1/2罩杯) 罩杯面积较小,只有乳房的一半,利用下罩杯完整的支撑乳房,所以适合娇小胸型穿着,能使胸型更加丰满。1/2罩杯有深浅里衬垫设计,可依照胸部的容量、形态及对胸部丰满程度的要求,选择不同的厚薄、形状进行搭配。1/2罩杯通常采用脱卸式肩带设计,配以底部钢丝加强胁部支撑,因此可满足露肩礼服或露背服饰的搭配需求。

(3)3/4罩杯 能使乳房向中心点推移、集中的罩杯设计,有效缩小乳间距离,对于外开型胸部具有补整的效果,并可以展现乳沟的魅力。

(4)全罩杯 可以分为无钢丝全罩杯、有钢丝全罩杯、水滴式全罩杯三种。

① 无钢丝全罩杯。罩杯容量大而深,防止脂肪扩散,使胸部集中,最大限度给予人体自然、舒适的体验,材质多选用弹力天然纤维材质,强调舒适、轻松、无压力。

② 有钢丝全罩杯。罩杯下缘有弧度宽广的钢丝进行承托,提高胸线,增强胸型饱满度,两侧加高能弹性龙骨进行固定,防止乳房脂肪流窜,对胸部造型具有全面提升效果。

③ 水滴式全罩杯。罩杯呈细长水滴状,与乳房的韧带形态相同。适合丰满乳房及长线型乳房,有预防胸部下垂,呈现提升补整的效果。

项目三
服饰搭配艺术中的色彩要素

学习目标

1. 知识目标
- 了解服装色彩的基础知识
- 掌握色彩各种属性特点
- 学会服饰色彩的搭配法则及流行色的把握及运用

2. 能力目标
- 能够运用服装色彩进行整体着装搭配
- 能够根据不同场合、不同季节熟练运用服饰色彩搭配法则

3. 素质目标
- 通过对中国传统服饰色彩知识的探索,激发爱国情怀,增强文化自信心与民族自豪感
- 通过实践项目练习,促进学生之间团结友爱、互帮互助、共同进步,营造积极向上的学习氛围

任务描述

自我分析评价,根据自身的条件和喜好运用服饰色彩搭配原则完成自我形象展示

课前思考

- 色彩可以表达不同的心理感受吗?
- 色彩在服装搭配中的重要性如何体现?
- 中国传统色彩中蕴含着独特的经验智慧,在传统服饰中常用色彩有哪些?

基础知识

服饰色彩是服装设计中的重要因素,是穿着者以及观赏者对服装产生的第一审美感受。通过对色彩性格的分析,结合自身喜好和体型条件进行服饰色彩的巧妙搭配,给人耳目一新的感觉,完成自我形象的展示。

任务 1　了解服装色彩的基础知识

一　色彩的基础分类

11. 色彩的基本理论

（一）有彩色和无彩色

有彩色具备光谱上的某种或某些色相，如红、黄、蓝等，与此相反，无彩色是除了有彩色之外的色彩，包括黑、白、灰三色（如图 3-1）。

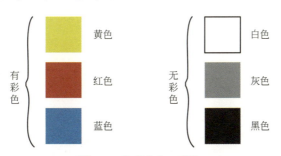

图 3-1　有彩色和无彩色

（二）色彩的三属性

有彩色具有三个属性：色相、纯度、明度。无彩色只有明度之分，没有纯度之分。

1. 色相

色相是色彩的相貌，是色彩的主要特征。最初的基本色相为：红、橙、黄、绿、蓝、紫。在各色中间加插一两个中间色，其头尾色相，按光谱顺序为：红、红橙、橙、黄橙、黄、黄绿、绿、蓝绿、蓝、蓝紫、紫、红紫，可制出十二种基本色相（如图 3-2）。

2. 纯度

纯度是指颜色的饱和度，它代表着色彩的纯净程度。纯度常用高、中、低来表示，纯度越高，色越纯，越艳；纯度越低，色越涩，越浊（如图 3-3）。

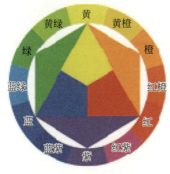

图 3-2　十二色色相环

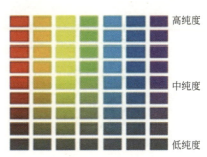

图 3-3　纯度变化

3. 明度

明度是指色彩的明暗深浅程度，亦称亮度。它可用高、中、低来表示。每一种色彩都有三个属性，色相、纯度、明度这三个属性相互依存、相互制约（如图3-4）。

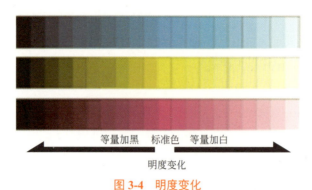

图3-4　明度变化

（三）色彩的三原色、三间色、复色

1. 三原色

绘画色彩中最基本的颜色，即红（品红）、黄（柠檬黄）、蓝（湖蓝），称之为三原色。这三种原色颜色纯正、鲜明、强烈，而且这三种原色本身是调不出的，但是它们可以调配出多种色相的色彩（如图3-5）。

2. 三间色

由两种原色相混合得出的色彩，黄色和红色调和得橙色，黄色和蓝色调和得绿色，蓝色和红色调和得紫色（如图3-6）。

3. 复色

间色与原色或间色与间色相混合所产生的颜色称为复色（如图3-7）。

图3-5　三原色　　　　图3-6　三间色　　　　图3-7　复色

二　色彩的感情密码

色彩作为服饰给人的第一视觉印象，以其不同频率的光信息通过视觉神经传入大脑，使人形成一系列的色彩心理反应，产生丰富的情感联想，构成色彩独有的情感表达。

（一）色彩的冷、暖感

色彩本身并无冷暖的温度差别，是视觉色彩引起人们对冷暖感觉的心理联想。色彩的冷暖是互为依存的两个方面，相互联系，互为衬托；并且主要通过它们之间的互相映衬和对比体现出来（如图3-8）。

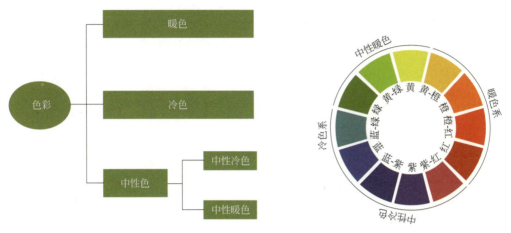

图3-8　色彩的冷暖关系

1. 暖色

红、红橙、橙、黄橙、红紫等色，能使人联想到太阳、火焰、热血等物象，产生温暖、热烈、活力等感觉（如图3-9）。

2. 冷色

蓝、蓝紫、蓝绿等色，很容易使人联想到天空、冰雪、海洋等物象，产生寒冷、理智、平静、深沉、稳重等感觉（如图3-10）。

图3-9　暖色

图3-10　冷色

3. 中性色

分为中性暖色和中性冷色。

（1）中性暖色　黄绿、绿等色，使人联想到草、树等植物，产生青春、生命、和平等感觉（如图3-11）。

（2）中性冷色　紫、蓝紫等色，使人联想到花卉、水晶等稀贵物品，产生高贵、神秘的感觉（如图 3-12）。

图 3-11　中性暖色　　　　　　　　　　　　图 3-12　中性冷色

（二）色彩的轻、重感

色彩的轻重感主要与色彩的明度有关。

1. 轻色

白色、各种粉色、明度高的色彩，容易使人联想到蓝天、白云、彩霞及许多花卉还有棉花、羊毛等，产生轻柔、飘浮、上升、敏捷、灵活等感觉（如图 3-13）。

2. 重色

黑色、熟褐、深灰、藏青色等明度低的色彩，容易使人联想到钢铁、大理石等物品，产生沉重、稳定、降落等感觉（如图 3-14）。

图 3-13　轻色　　　　　　　　　　　　图 3-14　重色

（三）色彩的软、硬感

色彩的软硬感主要与色彩的明度有关，但与纯度亦有一定的关系。

1. 软感色

白色、黄色、驼色、浅灰等明度高的色彩，容易使人联想起骆驼、狐狸、猫、狗等好多动物的皮毛；还有毛呢、绒织物等，给人柔软、保暖、毛绒感（如图 3-15）。明度越高感觉越软，明度越低则感觉越硬，白色软感更强。明度高、纯度低的色彩有软感。

2. 硬感色

黑色、深灰色、藏蓝色、深绿色等高纯度和低纯度的色彩，容易使人联想到岩石、金属等，给人坚硬、结实、沉重感（如图 3-16）。高纯度和低纯度的色彩都呈硬感，如果它们明度又低则硬感更明显。色相与色彩的软、硬感几乎无关。

图 3-15　软感色

图 3-16　硬感色

（四）色彩的膨胀、收缩感

色彩的膨胀感与收缩感不仅与波长有关，而且还与明度有关。

1. 膨胀色

红色、粉色、白色、橙色、黄色、嫩绿色等明度高的暖色系、浅色系色彩，容易使人想到棉花、蛋糕等，给人以前进、突出、柔软、放大、毛绒感，膨胀色的衣服能够使身材放大（如图 3-17）。

2. 收缩色

黑色、藏青色、深蓝色、蓝绿色等明度低的冷色系和暗色系色彩，给人以后退、缩小、下落感，能将身材视觉上变小（如图 3-18）。

（五）色彩的华丽、质朴感

色彩的华丽与质朴与纯度关系最大。

1. 华丽色

金色、黄色、大红、宝石蓝、孔雀绿等高明度高纯度色彩，容易使人想到各种色彩的宝石、金银饰品等，给人富贵、富有、辉煌、庄严的感觉（如图 3-19）。

图 3-17　膨胀感

图 3-18　收缩感

2. 质朴色

　　黑色、褐色、深红、土黄、砖红、深蓝、橄榄绿、灰色等明度低、纯度低的色彩，容易使人联想到村庄、瓦房等，给人古雅、单纯、朴素等感觉（如图 3-20）。但无论何种色彩，如果带上光泽，都能获得华丽的效果。

图 3-19　华丽感

图 3-20　质朴感

（六）色彩的活跃、庄重感

1. 活跃色

　　红色、黄色、湖蓝、紫罗兰、粉色等暖色、高纯度色、高明度色，容易令人联想到彩虹、水果、各色花朵，给人以跳跃、活泼、新鲜、有朝气的感觉（如图 3-21）。

2. 庄重色

　　黑色、深灰、藏蓝、深绿、深紫色等冷色、低纯度色、低明度色，容易使人联想到教堂、牧师、礼堂、纪念馆等，给人以大气、沉稳、庄重、严肃的感觉（如图 3-22）。

图 3-21　活跃感

图 3-22　庄重感

（七）色彩的兴奋、沉静感

1. 兴奋色

大红、橙色、橘黄等暖色、高明度色、高纯度色使人联想到红旗、鲜血、火焰，给人以兴奋、刺激、激情的感觉（如图 3-23）。

2. 沉静色

蓝、蓝绿、蓝紫等冷色、低明度色、低纯度色使人联想到天空、海洋、太空、森林、星空，给人以沉着、平静、沉稳、理性的感觉（如图 3-24）。绿和紫为中性色，没有这种感觉。

图 3-23　兴奋感

图 3-24　沉静感

三　色彩的象征及联想

当服饰色彩作用视觉器官时，也必然会出现视觉生理刺激和感受，同时也必将迅速地引起情绪、精神、行为等一系列反应，即人的感情色彩与客观服饰的色彩相遇，就必然会使"色彩"变化无穷，妙趣横生。

（一）红色

1. 色彩属性

红色的波长最长，穿透力强，感知度高，视觉上给人一种膨胀感、前进感、迫近感和扩张感，使人联想起太阳、火焰、热血、花卉等。

2. 色彩感情

红色具有活跃、兴奋、热情、积极、希望、忠诚、健康、充实、饱满、幸福等向上的感情倾向。在中国，红色常被作为吉祥喜庆的结婚色彩（如图3-25）。

图3-25　吉祥喜庆色

课堂互动　红色在中国的寓意

> 同学们，红色是中华民族最喜爱的颜色之一，大家思考一下，红色在中国文化中的寓意是什么？在什么情况下会使用红色？

3. 色彩应用

红色用在服饰上，无论男女老幼，都给人以青春活力、热情奔放的感觉。红色是时装的常用色彩，尤为女性时装和童服所多用。

（1）红色趋于黄，或色感近似于朱红，比红色明度高，热气较盛，给人尖锐炽热的感觉（如图3-26）。

（2）红色靠近紫色，则显冷静，而明度不高，就会显得性格文雅、柔和（如图3-27）。

图3-26　红色偏黄

图3-27　红色偏紫

(3) 红色变暗，会给人一种沉重而朴素的感觉（如图3-28）。

(4) 红色变成粉红色，其个性变得柔和并具有健康、梦幻、幸福、羞涩的感觉，是女性嗜好度最高的色彩。男性穿粉色也非常帅气，尤其是肤色较深的男性（如图3-29）。

图3-28　红色变暗

图3-29　红色偏粉

（二）黄色

1. 色彩属性

黄色是所有色相中明度最高的色彩，通常被认为是一个快乐和有希望的色彩，会使人联想到秋菊、向日葵、柠檬、梨子等物体。

2. 色彩感情

黄色代表智慧、忠诚、希望、喜悦、轻快、光辉、活泼、辉煌、功名、健康，但与橙色比较，则稍带有点轻薄、冷淡的感觉，这是因为明度高的缘故。在我国古代人们崇尚黄色，黄色常被视为皇权的象征（如图3-30）。

图3-30　黄色

3. 色彩应用

黄色明度高,有扩张感和尖锐感,给人以视觉上的冲击(如图3-31)。

图3-31　黄色时装

(1) 黄色中的米黄色、浅黄色等是很好的休闲自然色,常用在休闲服饰中。深黄色却另有一种高贵、朴实、浑厚、实惠感(如图3-32)。

(2) 黄色和紫色形成对比色,这种对比有很强烈的明暗对比效果。紫色变淡,和谐效果加强,给人一种和谐又不乏层次感的感觉(如图3-33)。

图3-32　黄色变浅

图3-33　黄色和紫色搭配

(三) 蓝色

1. 色彩属性

蓝色是典型的冷色,具有高度的稳定感。蓝色令人联想到天空、太空、海洋、湖泊、冰雪、严寒(如图3-34)。

项目三　服饰搭配艺术中的色彩要素

图 3-34　蓝色

2. 色彩感情

蓝色代表自信、沉静、冷淡、永恒、理智、高深、寂寞等，随着人类对太空事业的不断探索，它又有了象征高科技的强烈现代感。

3. 色彩应用

蓝色包括浅蓝、藏蓝、深蓝、天蓝等色彩。浅蓝色系代表热情、单纯、明朗而富有青春朝气，对前程充满希望，对人生富于幻想；深蓝色系代表沉着、冷静、稳定，为中年人普遍喜爱的色彩。藏蓝则给人以大度、庄重、沉默的印象（如图 3-35）。

图 3-35　蓝色时装

（四）橙色

1. 色彩属性

橙与红同属暖色，具有红与黄之间的色性。橙色是欢快活泼的热情色彩，是暖色系中最温暖的颜色，会使人联想起火焰、灯光、霞光、水果等物象（如图3-36）。

图 3-36　橙色

2. 色彩感情

橙色有富饶、充实、友爱、华丽、豪爽、辉煌、跃动、炽热、温情、甜蜜、愉快的感觉，但也有疑惑、嫉妒、伪诈等消极倾向性意义。

3. 色彩应用

在服装中橙色因色阶较红色更亮，注目性高于红色，所以也被用为信号色、标志色和宣传色。橙色是服装中常用的甜美色彩，也是众多消费者特别是妇女、儿童、青年喜爱的服装色彩（如图3-37）。

（1）橙色中加入黑色，它就会变成模糊干瘪的褐色，明度纯度都不高，给人以沉稳、大方、内敛的稳重感，比较适合成熟女性（如图3-38）。

图 3-37　橙色时装

图 3-38　褐色时装

（2）橙色是色彩中最温暖的颜色之一，它能在发冷、深沉的蓝色中，发出那太阳光似的光辉（如图 3-39）。

图 3-39　橙色和冷色搭配

（五）绿色

1. 色彩属性

绿色光在可见光谱中波长居中，使人联想到森林、草原、嫩芽、春天等。人眼对绿色的反映最平静，绿光在各高纯度的色光中，是使眼睛最能得到休息的色光（如图 3-40）。

2. 色彩感情

绿色代表深远、稳重、沉着、睿智、公平、自然、和平、幸福、理智、新生等。明度稍低时或在特定条件下，绿色也会带有消极意义，同时可造成阴森、晦暗、悲伤的气氛。

3. 色彩应用

在服装中，深绿色或者含灰的绿，如土绿、橄榄绿、墨绿等色彩给人以成熟、深沉、内敛的感觉（如图 3-41）。

图 3-40　绿色

图 3-41　橄榄绿色时装

(1) 绿色倾向黄色,属于黄绿色范畴,给人一种自然界的清新,显示出青春的活力(如图 3-42)。

(2) 绿色倾向蓝色,接近蓝绿色,蓝绿色是冷色的极端,它具有一种冷感,表现出端庄的色彩效果(如图 3-43)。

图 3-42　绿色偏黄

图 3-43　绿色偏蓝

(六)紫色

1. 色彩属性

紫色在可见光谱中波长最短,纯度最高的紫色同时是明度最低的色彩。紫色是蓝、红冷暖两色配合而成,具有蓝色冷静、红色热烈的矛盾性,容易表现出不稳定、不安的特性,容易使人联想到紫水晶、薰衣草、紫罗兰、睡莲等(如图 3-44)。

2. 色彩感情

紫色会有神秘、权威、尊敬、优雅、高贵、优美、庄重、奢华的感觉,我国封建时代将紫与金并提,作为高贵、尊严的象征。在北欧一些国家里,通常还把紫色作为美丽、高贵、尊敬与友谊的象征。

3. 色彩应用

紫色因为含有红色成分,所以纯度较高的紫色往往也具有积极性的含义,给人端庄、典雅的感觉(如图 3-45)。

图 3-44　紫色

图 3-45　紫色礼服

(1) 紫色靠近红，接近紫红色，一般的紫红色温和而明亮，属于积极的色彩（如图 3-46）。

(2) 较淡的紫色彰显魅力以及优雅、惋惜的娇气，属于轻色，具有轻盈飘逸的韵味（如图 3-47）。

图 3-46　紫色偏红

图 3-47　紫色偏粉

（七）黑色

1. 色彩属性

黑色从色光角度来说，黑色即无色。但在现实中，只要光照弱或物体反射光能力弱，就会呈现出相应的黑色。黑色容易使人想到黑夜、乌鸦、黑猫、深渊等物象。

2. 色彩感情

黑色在视觉上是一种消极性的色彩，具有黑暗、寂寞、悲哀、沉默、恐怖、罪恶、消亡、绝望的感觉，但在服装设计中黑色代表着稳重、神秘、庄严、沉稳。

3. 色彩应用

(1) 在服装搭配中，黑色并非绝对的消极色，尤其是纯度高、具有光泽的黑或者绒黑色，是相当美的（如图 3-48）。

图 3-48　华丽的光泽黑

图 3-49　黑色和有彩色的搭配

（2）黑色的组合适应性极为广泛，任何色彩，特别是鲜艳的纯色与其相配，都能取得赏心悦目的良好效果（如图3-49）。

（八）白色

1. 色彩属性

白色是阳光之色，是光明的象征色。在明暗层次中，白色最为明亮，使人联想起冰雪、白云，因而是夏季的理想服装色。

2. 色彩感情

白色代表神圣、纯洁、单纯、无私、朴素、平安、诚实、卫生、恬静等。

3. 色彩应用

（1）白色与黑色搭配对比强烈，经白黑色组合成条纹、格状、点饰，简洁、明快，富有现代感（如图3-50）。

（2）白色是万能色，在它的衬托下，其他色彩会显得更鲜丽、更明朗（如图3-51）。

图 3-50　白黑搭配

图 3-51　白色和有彩色搭配

（3）白色由于膨胀感特别强，所以身材矮小肥胖的人群不适合穿白色或者浅色的服装，这样会扩张体型（如图3-52）。

（九）灰色

1. 色彩属性

灰色居黑、白之间，属中明度无彩色或低彩色系，大致可以分为深灰和浅灰。灰色容易使人想到阴天、乌云、黑白照片、灰尘、公路等。

2. 色彩感情

灰色是中性色，其突出的感情为柔和、

图 3-52　白色的膨胀感

细致、平稳、朴素、平淡、乏味、抑制等（如图 3-53）。

3. 色彩应用

（1）任何色彩都可以和灰色相混合，略有色相感的含灰色能给人以高雅、细腻、含蓄、稳重、精致、文明而有素养的高档感觉（如图 3-54）。

图 3-53　灰色

图 3-54　灰调有彩色

（2）灰色既不压抑，也不刺激，没有沉重之感，总是显得比较柔和，给人一种视觉上的平稳感，所以多用来做职业装的色彩，给人严谨、稳重的感觉（如图 3-55）。

（3）灰色是一个很中性的色彩，没有性别界限的划分，男装女装均能穿出效果（如图 3-56）。

图 3-55　灰色职业装

图 3-56　灰色在男女装中的应用

（十）光泽色

1. 色彩属性

光泽色是指质地坚实、表层平滑、反光能力很强的物体色。常用的有金、银色等。

2. 色彩感情

光泽色不仅象征荣华富贵，还具有神秘感、超前感和科技感。

3. 色彩应用

（1）在服装中光泽色大面积使用会显得富丽堂皇、时尚、前卫，常用于礼服、运动装和戏剧服装中（如图 3-57、图 3-58）。

（2）光泽色具有膨胀感和扩张感。

图 3-57　金色的应用

图 3-58　银色的应用

任务 2　掌握服饰色彩配色方法

12. 服饰色彩配色方法

服饰色彩是服装感观的第一印象，它有极强的吸引力，若想让其在着装上得到淋漓尽致的发挥，必须充分了解色彩的特性，学会色彩的配色方法。

一　四大配色原则

在整体服装配色中，要遵循以下原则，才能发挥出色彩最大的美感，实现完美的配色效果。

（1）色彩切忌种类过多　在服装的整体搭配中，一般 3～5 种色彩最为合适。

（2）主次要突出　在几种色彩搭配中，选择一种作为主色调，其他色彩可以作为辅助色或点缀色。

（3）冷暖要一致　在服饰冷暖色搭配中，注意冷暖色的属性一致，即冷色与冷色搭，暖色与暖色搭（如图 3-59）。

（4）明暗做对比　在服饰色彩的层次上，要注意选择合适的明暗色调。通过不同面积和层次的明暗对比，让服装产生丰富的变化。如上装明，下装暗，增添稳重感；上装深，下装浅，给人运动感；外套颜色深，内搭颜色浅更有层次感等（如图 3-60）。

图 3-59　冷暖一致搭配

图 3-60　明暗对比搭配

色彩的配色方法

（一）单一色搭配

（1）相同色相搭配　同一种色相的搭配，呈现端庄、沉静、稳重的配色效果（如图 3-61）。

（2）不同明度、不同纯度搭配　同种色相不同明度和不同纯度之间的搭配，比如湖蓝与蓝灰搭配、粉红与深红搭配等，在统一中呈现变化（如图 3-62）。

图 3-61　相同色相搭配　　　　　　　　图 3-62　不同纯度不同明度搭配

（二）无彩色搭配

（1）无彩色+无彩色　无彩色间相互搭配，给人稳重、大方、统一的秩序感，常用于职业装搭配（如图 3-63）。

（2）无彩色+有彩色　任何有彩色都能与无彩色搭配，给人大方、得体、层次分明的感觉（如图 3-64）。

图 3-63　无彩色间相互搭配　　　　　　图 3-64　无彩色和有彩色搭配

（三）邻近色搭配

邻近色搭配指在色环上相邻 15°的两种色相相互搭配。如红与橙黄、橙红与黄绿、黄绿与绿、绿与青紫等，给人协调而富有变化之感（如图 3-65）。

图 3-65　邻近色搭配

（四）近似色搭配

近似色搭配指在色环上 90°以内的色彩互相搭配，如红与黄橙、橙与黄绿、黄绿与蓝、紫与蓝绿等，给人青春、运动、活泼、富有变化之感（如图 3-66）。

图 3-66　近似色搭配

（五）对比色、互补色搭配

对比色、互补色搭配指在色相环上 120°～180°之内的色彩之间进行搭配，比如三原色红与蓝、三间色橙与紫之间相互搭配，对比色、互补色搭配有激情、刺激、丰富、跳跃、冲击、醒目的效果，但是搭配难度较高，需要使用一定的技巧，在搭配时切忌使用面积均等（如图 3-67）。

课堂互动　互补色的搭配技巧

同学们，互补色搭配的效果具有强烈的冲击力，在进行互补色搭配时除了利用面积差，你还有其他的搭配技巧吗？

（六）花、素搭配

花色图案与单一色相的组合搭配，形成丰富的层次感。

（1）服装上下搭配　上装用花色图案，下装的颜色尽量单一，可用纯色系或者暗花色系。上衣的颜色为纯色系或者暗花色系，下装可以搭配色彩较为丰富的花色图案（如图 3-68、图 3-69）。

图 3-67　对比色、互补色搭配

图 3-68　上花下单　　　　　　　　　　图 3-69　上单下花

（2）服装内外搭配　外套颜色为纯色或者暗花，内搭的颜色可选用花色图案。外套为花色图案，内搭的颜色可选用纯色或者暗花色系（如图 3-70、图 3-71）。

图 3-70　外单内花　　　　　　　　　　图 3-71　外花内单

任务 3 服饰色彩搭配的个性选择

服装配色是影响衣着美的重要一环。服装色彩搭配要根据穿着者的肤色、气质、体型和性格等方面进行综合考虑，让色彩的选择和个性的张扬能够相得益彰。

13. 服饰色彩的个性选择

一 根据性格进行色彩选择

人的性格是复杂的，大致可分为外向型、内向型和理智型，不同性格的人在服饰色彩的选择上有不同的侧重点。

（一）外向型

（1）性格特点 阳光、开朗、热情、坦率、乐观、积极、自由等。
（2）服饰色彩选择 宜选用白色或暖色系的高明度、高彩度的服装（如图 3-72）。

图 3-72 外向型

（二）内向型

（1）性格特点 沉静、稳重、深沉、内敛、含蓄、低调、忧郁等。
（2）服饰色彩选择 宜选用柔和而彩度较低、中明度的服装（如图 3-73）。

（三）理智型

（1）性格特点 理性、智慧、文雅、成熟、稳定、友善、有耐心等。
（2）服饰色彩选择 宜选用柔和的冷色或黑色、白色、灰色系（如图 3-74）。

图 3-73　内向型

图 3-74　理智型

二　根据体型进行色彩选择

（一）肥胖体型

宜选择纯色，色彩种类不宜过多，一般不要超过三种颜色，选用冷色和明度低的色彩如墨绿、深蓝、黑色等，有收缩感（如图 3-75）。

（二）瘦小体型

宜穿暖色和明度高的色彩，如红色、黄色、橙色等暖色调的衣服，有膨胀的感觉，不宜选择深色和冷暖对比强烈的服装（如图 3-76）。

图 3-75　肥胖体型

图 3-76　瘦小体型

（三）局部突出体型

（1）臀部大的人上装用明色调，下装用暗色调。
（2）腿部粗的人，不论是穿裤子、裙子、长短袜都尽量用暗色调。
（3）腰粗体型，搭配一条与衣服同色或近色的腰带，会产生细腰的效果。
（4）肩窄的体型，上身可穿浅色带有横条纹的衣服，以增加宽度。
局部突出体型的调整样例如图 3-77 所示。

图 3-77　身体局部突出体型

三　根据穿衣的场合进行色彩选择

14. 专业运动服装的色彩设计

（一）职业场合

人们为工作需要而特制的服装，其色彩有着特殊的功能，可以标示出工作人员的身份和职业。比如医生、护士穿白衣；军人穿绿色迷彩服；在海上遇到危险，橙色的救生衣更容易被救援组织发现等（如图 3-78）。

图 3-78　职业装

> **课堂互动** 面试场合的服饰色彩搭配
>
> 同学们,你的好朋友要去参加一个企业招聘,应聘职位是文员,对于服饰色彩的选择与搭配你有什么建议吗?

(二)休闲场合

人们在闲暇生活中从事各种活动所穿的服装,其色彩没有过多的局限,根据参加休闲场合的不同选择不同的色彩。比如参加聚会要穿色彩鲜艳的服装来展示自我个性,休闲运动时更多选择纯度较高的撞色运动装,同朋友或闺蜜逛街小聚更适合穿给人轻松愉悦的浅色或高明度色等(如图3-79)。

图3-79　休闲装

(三)社交场合

人们在社交礼仪性场合穿着的服装,其色彩选择要根据不同的时间、地点、情况来进行调整。比如出席重要仪式、正规场合,颜色以深色调为佳;酒会、宴会、私人聚会要注重表达个人风格和品位,服装用色多为华丽鲜艳的色彩(如图3-80)。

图3-80　社交装

（四）婚礼场合

不同地方、不同国家在婚礼场合的用色有明显的区别，比如我国结婚要穿大红色婚礼服，西方国家则穿洁白的婚纱（如图3-81）。

图3-81　婚礼服

知识大比拼（30分）

说明：将正确的选项填在括号里，每小题3分，共计15分。

1. 色彩的三原色是指（　　　）。
   A. 红、黄、蓝　　　　　　　　B. 橙、绿、紫
   C. 红、黄、绿　　　　　　　　D. 橙、绿、蓝
2. 黄绿、绿等色彩使人联想到草、树等植物，产生青春、生命、和平等感觉，这类色彩被称为（　　　）。
   A. 冷色　　　　B. 暖色　　　　C. 中性冷色　　　　D. 中性暖色
3. 色彩的轻重感主要决定因素是色彩的（　　　）。
   A. 纯度　　　　B. 明度　　　　C. 冷暖　　　　D. 色相
4. 下列属于膨胀色的有（　　　）。
   A. 红色、粉色、白色　　　　　B. 橙色、黄色、黑色
   C. 藏青色、深蓝色、蓝绿色　　D. 红色、粉色、金色
5. 下列对"黄色"属性描述正确的有（　　　）。
   A. 代表自信、沉静、冷淡、喜悦、光辉、活泼
   B. 与紫色形成对比色，搭配效果强烈
   C. 在我国古代人们崇尚黄色，黄色常被视为皇权的象征
   D. 是所有色相中明度最高的色彩

技能大比武（70分）

1. 请为下列款式做 3 套近似色的配色方案设计。

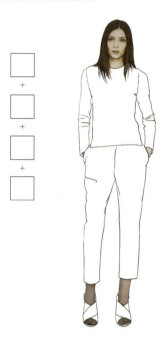

2. 请为下列款式做 3 套对比色的配色方案设计。

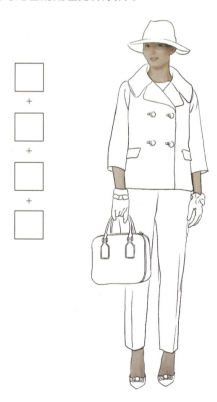

3. 以分组的形式分析下图中的配色方法，并制作 PPT 进行汇报发言。

教师来评价

（评价说明：教师根据以下评分标准为学生的技能大比武项目进行打分，也可以根据需要调整各项分值或增减评分项）

1. 按照每个训练项目要求完成作业，完成数量齐全，完成形式规范。（10 分）
2. 能够做到灵活应用不同的配色技法，配色方案设计合理新颖，配色分析全面、准确。（20 分）
3. 团队分工明确，协作效果好。（10 分）
4. PPT 制作精美，内容丰富，条理清晰，图文并茂。（20 分）
5. 发言者语言流畅，仪态大方。（10 分）

学生得分总评

知识大比拼分值 _____   技能大比武分值 _____

性格与色彩

色彩有自己的性格，色彩也可以用来判断你的性格，完成下面 30 道测试题看看你对应的是"红、蓝、黄、绿"哪种颜色，从而得出你的性格色彩。

step1 开始测试：

1. 关于人生观，我的内心其实是：
A. 希望能够有尽量多的人生体验，所以会有非常多样化的想法
B. 在小心合理的基础上，谨慎地确定自己的目标，一旦确定会坚定不移地去做
C. 更加注重的是取得一切有可能的成就
D. 宁愿剔除风险而享受平静或现状

2. 如果爬山旅游，在下山回来的路线选择上，我更在乎：
A. 好玩有趣，所以宁愿新路线返回
B. 安全稳妥，所以宁愿原路线返回
C. 挑战困难，所以宁愿新路线返回
D. 方便省心，所以宁愿原路线返回

3. 通常在表达一件事情上，我更看重：
A. 说话让对方感受到的强烈印象
B. 说话表述的准确程度
C. 说话所能达到的最终目标
D. 说话后周围的人际感受是否舒服

4. 在生命的大多数时候，我的内心其实更加欣喜于和希望多些：
A. 刺激　　　　　　　B. 安全　　　　　　　C. 挑战　　　　　　　D. 稳定

5. 我认为自己在情感上的基本特点是：
A. 情绪多变，经常情绪波动
B. 外表上自我抑制能力强，但内心感情起伏极大，一旦挫伤难以平复
C. 感情不拖泥带水，较为直接，只是一旦不稳定，容易激动和发怒
D. 天性情绪四平八稳

6. 我认为自己在整个人生中，除了工作以外，在控制欲上面，我：
A. 没有控制欲，只有感染带动他人的欲望，但自控能力不算强
B. 用规则来保持我对自己的控制和对他人的要求
C. 内心是有控制欲和希望别人服从我的
D. 不会有任何兴趣去影响别人，也不愿意别人来管控我

7. 当与情人交往时，我倾向于：
A. 兴趣上的相容性，一起做喜欢的事情，对他的爱意溢于言表
B. 思想上的相容性，体贴入微，对他/她的需求很敏感
C. 智慧上的相容性，沟通重要的想法，客观地讨论辩论事情
D. 和谐上的相容性，包容理解另一半的不同观点

8. 在人际交往时，我：
A. 心态开放，可以快速建立起友谊和人际关系
B. 非常谨慎缓慢地进入，一旦认为是朋友，便长久地维持
C. 希望在人际关系中占据主导地位
D. 顺其自然，不愠不火，相对被动

9. 我认为自己大多数时候更是：
A. 感情丰富的人　　　　　　　B. 思路清晰的人
C. 办事麻利的人　　　　　　　D. 心态平静的人

10. 通常我完成任务的方式是：
A. 经常会赶在最后期限前完成　　B. 自己做，精确地做，不要麻烦别人
C. 先做，快速做　　　　　　　　D. 使用传统的方法，需要时从他人处得到帮忙

11. 如果有人深深惹恼我时，我：
A. 内心感到受伤，认为没有原谅的可能，可最终很多时候还是会原谅对方
B. 深深感到愤怒，如此之深怎可忘记！我会牢记，同时未来完全避开那个家伙
C. 会火冒三丈，并且内心期望有机会狠狠地回应打击

D. 我会避免摊牌，因为还不到那个地步，那个人多行不义必自毙，或者自己再去找新朋友

12. 在人际关系中，我最在意的是：
A. 得到他人的赞美和欢迎　　　B. 得到他人的理解和欣赏
C. 得到他人的感激和尊敬　　　D. 得到他人的尊重和接纳

13. 在工作上，我表现出来更多的是：
A. 充满热忱，有很多想法且很有灵性
B. 心思细腻，完美精确，而且为人可靠
C. 坚强而直截了当，而且有推动力
D. 有耐心，适应性强而且善于协调

14. 我过往的老师最有可能对我的评价是：
A. 情绪起伏大，善于表达和抒发情感
B. 严格保护自己的私密，有时会显得孤独或不合群
C. 动作敏捷又独立，并且喜欢自己做事情
D. 看起来安稳轻松，反应度偏低，比较温和

15. 朋友对我的评价最有可能的是：
A. 喜欢对朋友述说事情，也有能量说服别人去做事
B. 能够提出很多周全的问题，而且需要许多精细的解说
C. 愿意直言表达想法，有时会直率而犀利地谈论不喜欢的人、事、物
D. 通常与他人一起是多听少说

16. 在帮助他人的问题上，我倾向于：
A. 多一事不如少一事，但若他来找我，那我定会帮他
B. 值得帮助的人应该帮助，锦上添花犹胜雪中送炭
C. 无关者何必要帮，但我若承诺，必欲完之而后释然
D. 虽无英雄打虎之胆，却有自告奋勇之心

17. 面对他人对自己的赞美，我的本能反应是：
A. 没有也无所谓，特别欣喜那也不至于
B. 我不需要那些无关痛痒的赞美，宁可他们欣赏我的能力
C. 有点怀疑对方是否认真或者立即回避众人的关注
D. 赞美总是一件令人心情非常愉悦的事

18. 面对生活的现状，我的行为习惯更加倾向于：
A. 外面怎么变化与我无关，我觉得自己这样还不错
B. 这个世界如果我没什么进步，别人就会进步，所以我需要不停地前进
C. 在所有的问题未发生之前，就应该尽量想好所有的可能性
D. 每天的生活开心快乐最重要

19. 对于规则，我内心的态度是：
A. 不愿违反规则，但可能因为松散而无法达到规则的要求
B. 打破规则，希望由自己来制定规则而不是遵守规则
C. 严格遵守规则，并且竭尽全力做到规则内的最好
D. 不喜被规则束缚，不按规则出牌会觉得新鲜有趣

20. 我认为自己在行为上的基本特点是：
A. 慢条斯理，办事按部就班，能与周围的人协调一致
B. 目标明确，集中精力为实现目标而努力，善于抓住核心要点

C. 慎重小心，为做好预防及善后，会不惜一切而尽心操劳
D. 丰富跃动，不喜欢制度和约束，倾向于快速反应

21. 在面对压力时，我比较倾向于选用：
A. 眼不见为净地化解压力
B. 压力越大抵抗力越大
C. 和别人讲也不一定有用，压力在自己的内心慢慢地消化
D. 本能地回避压力，回避不掉就用各种方法宣泄出去

22. 当结束一段刻骨铭心的感情时，我会：
A. 非常难受，可是日子总还是要过的，时间会冲淡一切的
B. 虽然觉得受伤，但一旦下定决心，就会努力把过去的影子甩掉
C. 深陷在悲伤的情绪中，在相当长的时期里难以自拔，也不愿再接受新的人
D. 痛不欲生，需要找朋友倾诉或者找渠道发泄，寻求化解之道

23. 面对他人的倾诉，自己本能上倾向于：
A. 认同并理解对方感受   B. 做出一些定论或判断
C. 给予一些分析或推理   D. 发表一些评论或意见

24. 我在以下哪个群体中较感满足？
A. 能心平气和最终大家达成一致结论的
B. 能彼此展开充分激烈的辩论
C. 能详细讨论事情的好坏和影响的
D. 能随意无拘束地自由散谈，同时又很开心

25. 在内心的真实想法里，我觉得工作：
A. 如果不必有压力，可以让我做我熟悉的工作那就不错
B. 应该以最快的速度完成，且争取去完成更多的任务
C. 要么不做，要做就做到最好
D. 如果能将乐趣融合在里面那就太棒了，因为不喜欢的工作实在没劲

26. 如果我是领导，我内心更希望在部属心目中我是：
A. 可以亲近的和善于为他们着想的   B. 有很强的能力和富有领导力的
C. 公平公正且足以信赖的   D. 被他们喜欢并且觉得富有感召力的

27. 我希望得到的认同方式是：
A. 无所谓别人是否认同
B. 精英群体的认同最重要
C. 只要我认同的人或者我在乎的人的认同就可以了
D. 希望得到所有大众的认同

28. 当我还是个孩子的时候，我：
A. 不太会积极尝试新事物，通常比较喜欢旧有的和熟悉的
B. 是孩子王，大家经常听我的决定
C. 害羞见生人，有意识地回避
D. 调皮可爱，在大部分的情况下是乐观而又热心的

29. 如果我是父母，我也许是：
A. 不愿干涉子女或者容易被说动的
B. 严厉的或者直接给予方向性指点的
C. 用行动代替语言来表示关爱或者高要求的
D. 愿意陪伴孩子一起玩的，孩子的朋友们所喜欢和欢迎的

30. 以下有四组格言，哪组符合我感觉的数目最多？

A. 最深刻的真理是最简单和最平凡的。要在人世间取得成功必须大智若愚。好脾气是一个人在社交中所能穿着的最佳服饰。知足是人生在世最大的幸福

B. 走自己的路，让人家去说吧。虽然世界充满了苦难，但是苦难总是能战胜的。有所成就是人生唯一的真正的乐趣。对我而言解决一个问题和享受一个假期一样好

C. 一个不注意小事情的人，永远不会成功大事业。理性是灵魂中最高贵的因素。切忌浮夸铺张。与其说得过分，不如说得不全。谨慎比大胆要有力量得多

D. 与其在死的时候握着一大把钱，还不如活时活得丰富多彩。任何时候都要最真实地对待你自己，这比什么都重要。使生活变成幻想，再把幻想化为现实。幸福不在于拥有金钱，而在于获得成就时的喜悦以及产生创造力的激情

step2计分：

1. 红色 前15题 A+ 后15题 D 的总数
2. 蓝色 前15题 B+ 后15题 C 的总数
3. 黄色 前15题 C+ 后15题 B 的总数
4. 绿色 前15题 D+ 后15题 A 的总数

得分最高的颜色即是你的核心性格色彩，也是你天性中最重要的动机的性格。如有另外一个颜色得分与最高分相差不大，则可能你是复合色彩性格，但相对比较偏向于最高分的色彩；也有可能你性格中后天受到影响的比重较大，你需要区分哪个是你的天性，哪个是后天影响造成的。

step3性格解析：

1. 行动派——红色性格

红色性格的人是快节奏的人，会自发地行动和做出决策。他不关心事实和细节，并尽可能地逃避一些烦琐的工作。这种不遵循事实的特性经常会让他夸大其词。红色性格的人与分析研究相对比更喜欢随意猜测。他对组织活动充满兴趣，能够快速并热情地与人相处。红色性格的人一直追逐梦想，他有着不可思议的能力能够让别人和他一起实现梦想，他有非常强的说服能力。他一直寻求别人对他的成就给予赞扬。红色性格的人是很有创意的人，思维敏捷。红色的劣势是，会被人认为是主观的、鲁莽的、易冲动的。

2. 思想派——蓝色性格

蓝色性格的人注重思考过程，能够全面、系统性地解决问题。他非常关心事物的安全性，任何事情都追求正确无误，所以这种人热衷于收集数据，询问很多有关于细节的问题。他的行动和决策都是非常谨慎的。蓝色性格的人做事缓慢，要求准确，喜欢有组织、有构架知识性的工作环境。这种性格的人比较容易多疑，且喜欢将事情记录下来。蓝虽然是一个很好的问题解决者，但同时又是一个并不果断的决策者。当需要作决策时，他往往为了收集数据耽误了时间，经常被他们引以为豪的口头禅是："你不可能只掌握一半的数据就做出一项重要的决定吧。"蓝色的劣势是，会被认为是有距离的、挑剔的和严肃的。

3. 领导派——黄色性格

黄色性格的人是非常直接的，同时也很严谨。黄色性格的人善于控制他人和环境，果断行动和决策。这种性格的人行动非常迅速，对拖延非常没有耐心。当别人不能跟上他们的节奏时，他会认为他们没有能力。黄色性格的人的座右铭是"我要做得又快又好"。黄色性

格的人是典型的执行者,他们有很强的自我管理能力,他们自觉完成工作并给予自己新的任务。黄色性格的人喜欢同时做很多事情。他可以同时做三件事,并尽可能做第四件事。他会持续给自己加压一直到自己无法承受的最高点,之后稍事放松,然而很快他又会重新开始整个进程。不过,和别人交往时,黄色的劣势是,常常表现冷漠,以产出和目标为导向,更关心最后的结果,会被认为是固执、缺乏耐心、强硬和专横。

4. 和平派——绿色性格

绿色性格的人追求安全感和归属感,和蓝色一样做事和决策慢,不同的是这种拖延是因为绿色性格的人不愿冒风险。在他行动或作决策之前,他希望能够先了解别人的感受。绿色性格的人是四种性格中最以人际为导向的人。对这种性格最适合的形容词是亲近的、友好的。绿色性格的人不喜欢与人发生冲突,所以有时他会说别人想听的话而不是他心里想的话。绿色性格的人有很强的劝说能力,非常愿意支持其他人。他也是一个积极的聆听者。作为他的伙伴你会感觉很舒服。因为绿色性格的人很愿意听别人说,所以轮到他说的时候,别人也愿意听他说,因此他有很强的能力获得别人的支持。绿色的劣势是,会被人认为过于温和、心肠太软、老好人。

项目四
服饰搭配艺术中的材质要素

学习目标

1. 知识目标
- 了解常见服饰材质的类别，明确各种服饰材质的风格、用途及主要特性
- 把握服饰材质与服装造型的关系
- 掌握服饰材质塑造个人服饰形象的方法与技巧

2. 能力目标
- 能够进行不同服装材质特点与风格的分析
- 能够根据穿着者体型与穿用目的选择适合的服装材质

3. 素质目标
- 提升对常见服饰材质特性与风格的分析水平，能够在服饰搭配中正确运用材质提升搭配效果
- 培养精益求精、求真务实的专业精神

任务描述

根据服饰形象塑造需要，完成服装材质的选择与搭配

课前思考

- 生活中常见的纺织品面料分为哪几大类？
- 服装材质、服装款式、服装色彩三者之间个关系？
- 中国是用桑蚕丝织绸最早的国家，自古即以"丝国"闻名于世，中国丝绸品种有哪些？

基础知识

服装材料是构成服装的物质基础，任何的款型和色彩都需要通过服装材料达到穿着与展示的目的。在进行服饰选择与搭配的过程中，服装材料除起到保护人体的作用之外，其风格和质地对服饰形象的美化作用丝毫不逊色于其他服饰元素。

任务 1　了解材质的分类与特性

服饰材质可以从很多方面进行分类，每一种材质都呈现不同的特征（如图 4-1）。

15.服装材质的分类与特点

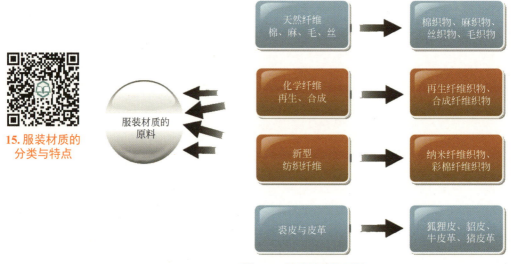

图 4-1　服装材质的原料

一　常见服装材质的分类

（一）按服装材质的原料来源分类

1. 天然纤维材质

由自然界中原有的天然植物或动物纤维经过纺纱、织造加工形成的服饰材质。主要包括四大类：棉织物、麻织物、丝织物、毛织物。它们具有优良的吸湿性和透气性，是天然绿色服装材质。

2. 化学纤维材质

由人工利用天然高聚物或低分子物质制造而成化学纤维，经过纺织加工形成的服饰材质，包括再生纤维织物以及合成纤维织物。

（1）再生纤维织物　又称人造纤维织物，其原料来自天然的高聚物，如甘蔗渣、棉短绒、木材、花生、大豆等，因化学组成与天然纤维相同，因此再生纤维织物的性能与天然纤维织物性能十分接近，服装用性能优良。常见的材料有黏胶织物、莫代尔织物、大豆织物等。

（2）合成纤维织物　合成纤维的原料来自煤、石油等低分子物质，服装常用的合成纤维织物有涤纶织物、锦纶织物、腈纶织物、维纶织物、氨纶织物、丙纶织物等。它们具有强度大、弹性好、不霉不蛀、易产生静电等服装用特点。

3. 新型纺织纤维材质

利用高新技术改良的天然纤维和化学纤维织物，具有防污、超轻等特殊的服装用性能。如天然彩棉纤维材料、超细纤维材料、纳米纤维材料等。

4. 裘皮与皮革

动物的毛皮经过加工处理形成的服装材料，有裘皮和皮革两类。裘皮又称毛皮，是用动物毛皮经过鞣制加工的成品，如狐狸皮、貂皮等。加工处理后的光面皮板或绒面皮板称为皮革，如牛皮革、猪皮革等。裘皮和皮革按其来源可以分为天然和人造两种。

（二）按服装材质的成分分类

1. 纯纺织物

纯纺织物是指织物的经纬纱线均采用同一种纤维的纯纺纱线而织成的织物。包括天然纤维纯纺织物、化学纤维纯纺织物。

2. 混纺织物

混纺织物是指织物的经纬纱线均采用两种或两种以上纤维的混纺纱线而织成的织物。混纺织物具备了组成原料中各种纤维的优越性能。

3. 交织物

交织物是指织物中的经纱和纬纱采用了不同种纤维的纱线或同种纤维不同类型的纱线而织成的织物。交织物不仅集中了不同纤维的优良性能，还具有经纬向各异的特点。

（三）按服装材质的组织结构分类

1. 机织物

机织物又称梭织物，是由相互垂直配置的经纱与纬纱，在织机上按照一定规律纵横交错织成的制品。机织物品种丰富、花色繁多，具有结构稳定、布面平整等优点（如图4-2）。

2. 针织物

针织物是由一根或一组纱线在针织机织针上弯曲形成线圈，并相互串套联结而成的制品。针织材质弹性好、手感柔软、吸湿通透，是内衣的首选材质（如图4-3）。

图4-2　机织物

图4-3　针织物

3. 非织造物

非织造物是未经过传统的织造工艺，直接由短纤维或长丝铺置成网，或由纱线铺置成层，经机械或化学加工连缀而成的片状物。

4. 复合织物

复合织物是由两种或两种以上的织物或其他材料上下复合，形成新的多层结构的服装材料。

（四）按服装材质的风格分类

1. 棉型织物

棉型织物是指用棉纤维或棉型化学纤维纯纺或混纺织成的织物。包括纯棉织物、棉混纺织物、化纤仿棉型织物。织物手感柔软、光泽较暗淡、外观朴实自然（如图 4-4）。

2. 麻型织物

麻型织物是指用天然麻纤维纯纺或混纺织成的织物。包括天然麻织物，如亚麻布、苎麻布；麻混纺织物、化纤仿麻织物。具有粗细不均的粗犷外观风格，手感硬挺（如图 4-5）。

3. 毛型织物

毛型织物是指以羊毛、兔毛等各种天然动物毛及毛型化纤为原料织造的织物，包括纯纺、混纺和交织品，俗称呢绒。毛型织物是高档服装面料，具有挺括、软糯、蓬松、丰厚的风格特点，适合做职业套装、大衣、外套（如图 4-6）。

4. 丝型织物

丝型织物是指用天然蚕丝或化纤长丝纯纺或交织成的织物。丝型织物光泽明亮，手感滑爽、轻柔悬垂，适合典雅高贵的礼服设计（如图 4-7）。

图 4-4 棉型织物

图 4-5 麻型织物

图 4-6 毛型织物

图 4-7 丝型织物

（五）按服装材质的染色情况分类

1. 原色织物

原色织物是指未经任何印染加工而保持纤维原色的织物。如纯棉粗布、坯布等。外观较粗糙，呈本白色。

2. 漂白织物

漂白织物是指坯布经过漂白处理之后的织物，也称漂白布。

3. 素色织物

素色织物是指由本色织物经染色加工而形成的单一颜色的织物（如图4-8）。

4. 印花织物

印花织物是指经过印花工艺处理而成的织物。表面具有花纹图案，颜色在两种或两种以上的织物（如图4-9）。

图 4-8　素色织物

图 4-9　印花织物

5. 色织织物

色织织物是指先将纱线全部或部分染色整理，然后按照组织与配色要求织成的织物。此类织物具有丰富的条纹、格子、提花图案，立体感强（如图4-10）。

图 4-10　色织织物

图 4-11　色纺织物

6. 色纺织物

色纺织物是指将散纤维或毛条染色后加工织制的各种织物。此类织物具有混色效应，较色织织物更具色彩的层次感（如图4-11）。

二 常见服饰材质的特性

16. 棉型机织物

（一）天然纤维织物

1. 棉织物

棉织物手感柔软、吸湿透气性好、穿着舒适，但弹性较差、易缩水、易霉变。它是服装材料中使用广泛的一类织物，受到广大消费者的喜爱。主要种类包括：斜纹布、卡其布、泡泡纱、灯芯绒、牛仔布、平布等（如图4-12）。

2. 麻织物

麻织物外观自然、粗犷，独具淳朴、野性之美。其吸湿性、透气性好于棉织物，穿着凉爽舒适，不沾身，非常适合夏季服装。但缺点是手感粗硬，弹性差，易产生皱褶。其主要品种包括：纯苎麻细布、夏布等（如图4-13）。

图 4-12　棉卡其风衣

图 4-13　苎麻连衣裙

3. 毛织物

毛织物按其生产工艺可以分为精纺毛织物和粗纺毛织物。

（1）精纺毛织物　精纺毛织物是由精纺毛纱织造而成，又称为精纺呢绒，属于高档服装材质。其结构细密、呢面洁净、织纹清晰、手感滑糯、富有弹性，是高档时装、西服、大衣的主要材质。其主要品种有：哔叽呢、啥味呢、华达

17. 毛型机织物

呢、凡立丁、派力司、驼丝锦等（如图4-14）。

（2）粗纺毛织物　粗纺毛织物是由粗纺毛纱织制的织物，又称粗纺毛呢。此类织物手感丰满、质地柔软、蓬松保暖。常见的品种包括：麦尔登、海军呢、制服呢、法兰绒、粗花呢等（如图4-15）。

图4-14　精纺凡立丁西服

图4-15　粗花呢外套

18. 丝型机织物

4. 丝织物

丝织物自古以来就是高档服装材质，外观绚丽多彩、光泽明亮、悬垂飘逸、柔软滑爽、高雅华丽，有"纤维皇后"的美誉。丝织物的品种多达十四大类，在服装上常用的有：电力纺、富春纺、双绉、塔夫绸、柞丝绸、素软缎、花软缎、织锦缎、乔其纱、金丝绒等。

（二）化学纤维织物

1. 再生纤维织物

（1）再生纤维素织物　再生纤维织物的性能接近于天然纤维织物，织物柔软、光滑，吸湿性、透气性、染色性能好。穿着舒适，体肤触感好。染色性能优良、色泽鲜艳、色牢度好。常用的品种有黏胶织物、莫代尔织物、天丝织物、醋酯织物等。

（2）再生蛋白质织物　这类织物的性能类似天然动物纤维织物的性能，因此有人造羊毛、人造蚕丝之称。其特点是手感柔软、富有弹性、穿着舒适。大豆纤维织物、牛奶纤维织物、玉米改性纤维织物等都是人造蛋白质纤维织物的常见品种。

2. 合成纤维织物

（1）涤纶织物　学名聚酯纤维织物。弹性、抗皱性能好，被誉为"挺括不皱"的纤维。耐磨性好，但易起毛起球。吸湿透气性差、穿着有闷热感，容易产生静电，易吸附灰尘，不易发霉虫蛀。它是合成织物中用途最广、用量最大的一种。

（2）锦纶织物　学名聚酰胺纤维织物，又称尼龙。吸湿性能差，穿着轻便，耐磨性在合成纤维中居首位。弹性好，耐用性好，挺括保型。锦纶织物是羽绒服和登山服的首选材料。

(3) 腈纶织物　学名聚丙烯腈纤维织物，具有"合成羊毛"之称，保暖性好，蓬松柔软，弹性好，色泽鲜艳；但吸湿性差，易起毛起球。常作为羊毛织物的替代品。

(4) 维纶织物　学名聚乙烯醇纤维织物。外观和手感与棉纤维相似，有"合成棉花"之称。吸湿性好，弹性与棉接近，有优良的耐化学性，但易起褶皱。

(5) 氨纶织物　学名聚氨基甲酸酯纤维织物，也称弹性纤维，商业名"莱卡"；具有高弹性、高伸长、高恢复性的特点；常与其他纺织纤维混合使用，如莱卡棉、莱卡羊毛等，以增强织物的弹性与舒适性。

(6) 丙纶织物　学名聚丙烯纤维织物。强度大、弹性好、耐磨性好、易洗易干。缺点是吸湿性差、耐热性差。丙纶织物是速干运动服装的极佳材料。

(7) 氯纶织物　学名氯乙烯纤维。具有难燃、保暖、耐晒、耐磨、耐蚀、耐蛀、弹性好的优点；但耐热性、吸湿性极差，染色性差；可以制造各种工作服、毛毯、帐篷等。

> **课堂互动**　**中国冬奥会上的石墨烯材料**
>
> 　　同学们，2022年北京冬奥会的张家口赛区气温低至-20℃左右。运动员、志愿者和工作人员如何应对低温天气？由中国自主研发的新型加热材料石墨烯"温暖亮相"，让身处冰雪赛场的人们多了一重温度保障、不畏严寒。石墨烯材质为什么如此神奇？哪位同学可以介绍一下？

任务2　明晰服装材质与服装造型的对应关系

19. 正确应用服装材质塑造服饰形象

一　服装材质的视觉风格

服装材质的视觉风格是指由材质的光感、色感、型感、质感、肌理五个方面的因素综合表现出来的外在观感。每种材质所具备的视觉风格是决定服装造型美的重要因素（如图4-16）。

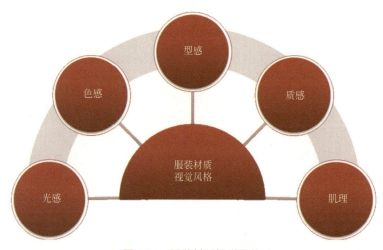

图4-16　服装材质视觉风格

（一）材质的光感

1. 概念

材质的光感是指材料表面的反射光所形成的视觉效果。

2. 影响因素

纤维原料、纱线的捻向、纱线的光洁度、织物组织以及后整理都会不同程度的影响材料的光泽度。

3. 外观特点

织物表面呈现明亮的光泽，在光线的照耀下呈现出华丽、富贵、前卫、高贵之感，在款式上适合礼服、表演服、社交的时尚服装。

4. 面料种类

（1）光感较强的面料　如丝型风格织物、荧光色涂层织物、金银丝夹花织物、轧光织物、皮革材质、金属亮片材料等（如图 4-17）。

图 4-17　各种光感较强面料

（2）光感较弱的面料　如棉麻材质以及经过水洗、磨绒和拉毛的材质。具有朴素、稳重、淳厚、内敛之感。适宜一般的生活、休闲服装。

（二）服装材质的色感

1. 概念

服装材质的色感是指由材料本身所具有的色彩或图案形成的外观效果。

2. 影响因素

纤维原料的染色性能、染整加工方式、织物组织结构等都会影响服装材质的色感。

3. 外观特点

不同的色感，产生不同的心理、视觉感受，具有膨胀、收缩、喜悦、悲伤的情感色彩。

4. 面料种类

即使具有相同的颜色，不同的材质也会形成不同的色感，如黑色的丝绸丝滑妩媚，黑色的毛呢温暖厚重，黑色的皮革冷硬有力等（如图 4-18～图 4-20）。

图 4-18　黑色丝绸

图 4-19　黑色毛呢

图 4-20　黑色皮革

（三）服装材质的型感

1. 概念

服装材质的型感是指材质造型能力的视觉效果。

2. 影响因素

纱线结构、组织变化、后整理等因素都会影响服装材质的型感。

3. 外观特点

挺括平整、柔软悬垂、丰厚等，这些型感特征对服装成型影响较大。

4. 面料种类

（1）挺括平整的面料　毛、麻织物，各种化纤混纺织物，较厚的牛仔面料、条绒面料、皮革等。适宜制作套装、西服等款式。

（2）柔软悬垂的面料　精纺呢绒、重磅真丝织物、各类丝绒、针织面料等。此类材质宜用于各种长裙、大衣、风衣、套装类女装，体现舒展、潇洒的风格，较好地表现人体曲线。

（3）弹性伸缩的面料　含有莱卡纤维成分的织物、针织织物。常用于内衣、运动服、毛衣、裙装等。

（四）服装材料的质感

1. 概念

服装材料的质感是织物外观形象与手感质地的综合效果。

2. 影响因素

纱线的粗细、织物的组织结构、织物后整理等因素都会影响服装材质的质感。

3. 外观特点

质感包括织物手感的粗厚、爽薄、滑糯、细腻、粗犷、光滑等。

4. 面料种类

（1）爽薄透明的面料　沙罗、乔其纱、巴厘纱、透明雪纺纱、蕾丝织物等。这些面料精致、轻盈、朦胧，透露出迷人、神秘之感，具有很强的装饰性（如图4-21）。

（2）粗厚蓬松的面料　粗花呢、膨体大衣呢、花呢、绒毛感的大衣呢、裘皮面料。这些面料给人以蓬松、柔软、温暖、扩张之感（如图4-22）。

（3）光洁细腻的面料　细特高密府绸、细特强捻薄花呢、超细纤维织物、中长仿毛织物等，呈现高档、细密的风格（如图4-23）。

图4-21　薄纱

图4-22　毛皮

图4-23　中长仿毛织物

（五）服装材料的肌理

1. 概念

肌理是指服装材料表面的组织纹理、图案花纹所表现出的审美观感。

2. 影响因素

纱线形态、织物组织、后整理、艺术再加工等因素都会影响服装材料的肌理表现。

3. 外观特点

材质的肌理效果分为两类：一种是立体肌理，即材料通过表面凹凸起伏纹路或立体装饰呈现出的具有浮雕感的艺术效果；另一种是平面肌理，指材料表面的图案、花纹色彩不一或疏松紧密有别所产生的视觉效果。肌理使服装材质具有层次丰富、立体感强的特点，更富有艺术表现力。不同的肌理效果对体型也会产生修饰作用。

4. 面料种类

各种提花、花式纱线、轧绉、割绒、植绒、绣花、衍缝织物。各种服装面料具有层次丰富、立体感强的特点。

二　服装材料与服装造型

（一）柔软飘逸的服装造型

柔软、轻薄、悬垂好的面料，如薄纱和绸缎、悬垂好的丝绒、重磅真丝、化纤仿真丝等最适合塑造造型线条流畅、柔软飘逸、轻盈朦胧的服装轮廓，如悬垂、飘逸风格的大摆裙，动感十足的波浪袖等（如图4-24）。

图4-24 大摆裙

> **课堂互动** 非物质文化遗产——香云纱
>
> 　　同学们，香云纱又名"响云纱""莨绸"，是世界纺织品中唯一用纯植物染料染色的丝绸面料，被海外人士誉为"黑色闪光珍珠"，是中国丝绸的著名产品。哪位同学知道香云纱被誉为"黑色闪光珍珠"的原因？

（二）华丽前卫的服装造型

　　光泽、明亮的丝缎、金属丝材质适合表现高贵典雅、亮丽绚烂的晚装礼服；高科技的涂层材质则展现科技感与前卫感的服装风格（如图4-25、图4-26）。

图4-25 金属涂层裙装

图4-26 中式礼服

（三）挺括平直的服装造型

职业套装、西装、西裤、大衣、直筒裙等服装类型具有挺括、平直、硬朗的服装轮廓，质地平整细密、身骨较好的精纺毛料（花呢、华达呢、啥味呢）、化纤仿毛面料及粗纺呢绒（麦尔登、法兰绒、花呢）、皮革制品等是理想的材质。硬挺的服装面料加上合体的服装款式，对偏胖或过瘦的体型都很适合（如图4-27）。

（四）紧身适体的服装造型

紧身适体的服装如裹裙、铅笔裤与人体之间的放量几乎没有，为了使人体感到舒适自如，必须选择伸缩性和弹性极佳的材质，比如针织罗纹面料、弹力棉等，这类服装造型能够如实反映体型面貌，因此对形体条件要求较高（如图4-28）。

图 4-27 挺括平直的服装造型

图 4-28 裹裙与铅笔裤

（五）舒展宽松的服装造型

这类服装造型常以休闲服装种类为主，各种棉、麻布面料质地坚韧、吸湿、透气，具有朴实、简约的特点，适合打造宽松、舒适的服装风格。

任务 3　正确应用材质塑造服饰形象

服装材质是塑造服饰形象的关键因素，在进行服饰搭配过程中，合理利用材质与体型的对应关系，就能实现提升形象的目的。

一　标准匀称体型与材质的对应关系

1. 体型特点

男性或女性的此类体型特点为身材均匀、身高与体重符合正常标准,身材各部位比例和谐。

2. 材质选择

在材质选择上范围广泛,无论是光泽感的、挺括平整的、柔软悬垂的、有伸缩型且比较厚重的材质都比较适合。在选择材质时要重点注重材质之间的风格组合,以及与自身气质、肤色的搭配。

二　瘦削骨感体型与材质的对应关系

1. 体型特点

男性或女性的此类体型特点为身材扁平,骨骼清晰,关节部位突出,身体曲线不明显,又称皮包骨式体型。

2. 材质选择

（1）面料型感　适合选择身骨较好、挺括平整的毛、麻织物,各种化纤混纺织物,涂层及较厚的牛仔面料,条绒面料,皮革材料等。这些材料可以形成清晰的服装轮廓及造型,弥补瘦削的体型缺点。

避免选择柔软悬垂材质的服装,易暴露体型的不足之处,即使在夏季也应以棉、麻材质为主。如果一定要选择柔软飘逸的材质,也要注意在款式上采用褶皱丰富、层叠设计的样式。

（2）面料质感　粗厚蓬松、质地厚实的粗纺毛呢面料是适宜的选择,以此增加体型的丰满感（如图4-29）。

图4-29　粗厚毛呢

（3）面料光感与色感　光泽感较强与鲜艳色彩的面料，或是具有横条纹、大花型、方格的图案，凸条、凸纹等肌理感强的面料都能形成视觉的扩张感，非常适合瘦削骨感体型。

三　圆润肥胖体型与材质的对应关系

1. 体型特点

男性或女性的此类体型特点为体态浑圆、身体脂肪堆积，又称肉包骨式体型。

2. 材质选择

（1）面料型感　此类体型最适宜柔软悬垂的面料，如各类精纺呢绒、软缎、各类丝绒、针织面料等，穿着时形成垂荡感，有拉长身形显瘦的效果（如图4-30）。

挺括平整、紧实的毛呢面料，各种化纤混纺面料，皮革，牛仔面料也能修饰肥胖的体型（如图4-31）。

图4-30　丝绒材质　　　　　　　　图4-31　厚毛呢

（2）面料质感　适合选择质地细密的材质。如精纺毛呢、中长化纤织物等。

避免选择粗厚蓬松的面料，如粗花呢，薄而透明和有弹性的材料也会暴露身材缺点。

（3）面料光感与色感　适合选择密集度较高的图案，如小花朵图案、小圆点图案、千鸟格图案，竖条纹的图案也是不错的选择（如图4-32）。

避免选择光泽感较强、大型的花纹或醒目的几何图案，如横条纹、大方格等。如果为了收缩形体，服装色彩采用了比较单一的深色系，可以考虑搭配一个别致、醒目的服饰配件，从而为整个造型添加活力。

图 4-32　密集度较高的图案

四　综合体型与材质的对应关系

1. 体型特点

综合体型的特点体现在身材的某个部位不太理想，如下肢粗胖，胸部扁平，肩部下垂、臀部肥大等。

2. 材质选择

可以利用材质进行分段打造。比如身体某个部位需要弱化的，就选用柔软悬垂的柔性材质，需要强调或加强的部位宜采用身骨挺括、平整的材质。也可以利用不同花纹、图案的大小、疏密、形状与排列方式，达到修正体型的作用。如上身比较瘦，而下身比较胖"A"形体型，上身选择穿花朵、圆点图案的服装来扩大视觉体积，下身穿有视觉收缩作用的衣服，以此平衡身材比例。

 学习竞技台

■ 知识大比拼（50 分）

说明：填空，每空 2 分，共计 40 分

1. 服装材质按原料来源分为四大类，分别是 ＿＿＿＿＿、＿＿＿＿＿、＿＿＿＿＿

和 _____。

2. 服装材质按风格分为 _____、_____、_____ 和 _____ 四大类。

3. 毛织物按其生产工艺可以分为精纺毛织物和 _____。

4. _____ 是指先将纱线全部或部分染色整理，然后按照组织与配色要求织成的织物。此类织物具有丰富的条纹、格子、提花图案，立体感强。

5. 化学纤维织物包括 _____ 和 _____ 两大类。

6. 服装材质的视觉风格是指由材质的 _____、_____、_____、_____、_____ 五个方面的因素综合表现出来的外在观感。

7. 丝织物自古以来就是高档服装材质，外观绚丽多彩、光泽明亮、悬垂飘逸、柔软滑爽、高雅华丽，有 _____ 的美誉。

8. 材质的肌理效果分为 _____ 和 _____ 两大类。

说明：判断正误，每小题 2 分，共计 10 分

1. 棉麻材质以及经过水洗、磨绒和拉毛的材质具有朴素、稳重、淳厚、内敛之感，属于光感较弱的材质。（　　）

2. 化纤仿毛面料及粗纺呢绒等适合打造宽松、舒适的服装风格。（　　）

3. 瘦削骨感体型适合选择柔软悬垂材质的服装。（　　）

4. 圆润肥胖体型适合选择挺括平整、紧实的毛呢面料，各种化纤混纺面料，皮革，牛仔面料。（　　）

5. 综合体型可以根据各部位特点，运用服装材质进行分段打造。（　　）

技能大比武（50 分）

1. 请根据三位你身边朋友的形体与气质特点，为他们选择适合的服装材质，并说明原因？

2. 小美是一位身材圆润丰满的姑娘，下个月要参加公司的年会，需要定做一件礼服，请你根据小美的自身条件，为她的礼服选择适合的材质。

教师来评价

（评价说明：教师根据以下评分标准为学生的技能大比武项目进行打分，也可以根据需要调整各项分值或增减评分项）

1. 按照每个训练项目要求完成作业，完成数量齐全，完成形式规范。（10 分）

2. 能够深入分析穿着对象的特点，结合材料知识，有理有据进行服装材质的选择与组合。（10 分）

3. 制定方案内容丰富，条理清晰，分析全面准确。（20 分）

4. 学习态度端正、认真，精益求精。（10 分）

学生得分总评

知识大比拼分值 _____　　　技能大比武分值 _____

丝绸织物的洗涤与保管

　　由于真丝绸与人体皮肤一样呈弱酸性,所以在清洁时一定要谨慎选择洗涤剂才能保证其柔滑光泽的品质。首先绝不能使用碱性洗涤剂或肥皂洗涤,可以使用少量中性洗涤剂或直接选用丝毛洗涤剂,洗净后的丝绸织品,最好在加有几滴醋酸的水中浸泡几分钟,然后在不直射阳光的地方通风晾干,这样可以使色泽更加鲜亮。

　　丝绸服装较轻薄,怕挤压,易出皱褶,在收藏时建议单独存放或放置在衣箱的上层。白色的丝绸最好用蓝色纸包起来,可以防止泛黄,花色鲜艳的丝绸服装要用深色纸包起来,可以保持色彩不褪。金丝绒等丝绒服装一定要用衣架挂起来存放,防止立绒被压出现倒绒或变形。当丝绸服装因受潮而出现轻微霉点时,可用绒布或新毛巾轻轻揩去,霉点较重时,可用氨水喷于丝绸织物表面,再用熨斗烫平,霉点即可消除。

项目五
服饰搭配艺术中的装点元素

学习目标

1. 知识目标
- 了解服饰配件的种类及特点
- 掌握常用服饰配件在服装搭配中的运用技巧
- 了解发型与化妆的分类与特点
- 掌握发型与化妆在服装搭配中的应用

2. 能力目标
- 能够根据服饰搭配需要进行不同服饰配件的选择与组合
- 能够根据穿着者风格特点选择适合的发型与妆容

3. 素质目标
- 提升对服饰搭配中装点元素审美水平,从专业的角度进行服饰搭配艺术中的服饰配件、发型、化妆等装点元素分析与应用
- 树立脚踏实地、刻苦钻研的专业精神

任务描述

为一名职场女性进行年会晚宴服饰配件、发型与妆容的设计与选择

课前思考

- 生活中常用的服饰配件有哪些?
- 如何利用服饰配件提升穿搭效果?

基础知识

随着社会经济的发展,生活水平的提高,人们的着装文化与着装观念发生了越来越大的变化,服饰配件应用越来越受到人们的重视。服饰配件的运用已不仅仅体现在实用价值上,更多地体现在服装艺术风格和个人服饰形象的装饰效果上。

 服饰搭配设计

任务 1 认识服饰配件

服饰配件是服饰整体造型中重要的装点元素，在服装搭配中起着修饰与点缀的作用，为单调的服装注入灵动的美感，更加凸显着装者独特的穿衣风格和气质。

一 服饰配件的定义

服饰配件也称服饰品、装饰物、配饰物，是指人们在完成着装之后佩戴在人体不同部位或服装上的附属品和装饰品。

二 服饰配件的分类

（一）根据佩戴的部位分类

(1) 头饰　帽饰、簪插、发带发网、花冠、头巾等。
(2) 颈饰　项链、领带、围巾等。
(3) 胸饰　胸针、胸花、徽章等。
(4) 腰饰　腰带、腰链。
(5) 手饰　戒指、手镯、手套、手表等。
(6) 足饰　鞋靴、袜、脚链等。

（二）根据使用的功能分类

(1) 实用性功能配件　帽子、鞋靴、袜、手套、腰带、箱包、围巾、手帕、眼镜等。
(2) 装饰性功能配件　项链、胸针、耳环、手镯、头花、发冠等。

（三）根据制作材质分类

(1) 纺织品类　针织物、机织物。
(2) 皮革类　牛皮、猪皮、鳄鱼皮、羊皮、人造皮革等。
(3) 金属玉石类　黄金、白金、铂金、玉、水晶、珍珠、钻石、铂金、翡翠、玛瑙等。
(4) 其他材质　贝壳、陶土、木材等。

三 服饰配件在服饰搭配中的作用

（一）对服装穿搭起到画龙点睛的作用

运用典雅、恰当的服饰配件对着装进行点缀，配件成为整套服装的视觉中心，不仅提高服装的档次与品味，使原本单调平淡的服装熠熠生辉，也使穿着者光彩照人、风度翩翩。

（二）对个人形象与形体起到修饰弥补的作用

巧妙地运用服饰配件可掩盖和修整人体的缺陷，使人们追求的精神与外表上的完美，借助服饰配件得以完成。比如选用不同的帽子或者耳饰可以修饰脸型，不同色彩的丝巾可以与肤色进行中和。腰带的应用可以打造人体上下身的比例关系，使得身形看起来更为优美。

（三）对整体着装效果起到强化和完善的作用

虽然服装配件在整体搭配中处于从属地位，但为保证服装的外观形象更具统一性与整体性，服饰配件的造型、色彩及材料要与服装整体风格相呼应，通过鲜明的风格、完整的搭配使整体着装效果得到进一步升华，形成一个统一的充满魅力的外观效果。

> **课堂互动** 《红楼梦》中的服饰配件
>
> 同学们，我国四大名著之一《红楼梦》中人物的服饰熠熠闪光，美不胜收。第八回中宝玉探视宝钗时所穿着的服饰："额上勒着二龙抢珠金抹额，身上穿着秋香色立蟒白狐腋箭袖，系着五色蝴蝶鸾绦，项上挂着长命锁、记名符。"大家来分析一下其中有哪些服饰配件？

任务2　应用帽饰、鞋饰装点服饰造型

一　帽饰

（一）帽饰的定义

帽饰是对帽子以及其他头部覆盖物的统称。它与气候环境、宗教信仰、风土人情有着密切的联系，是服饰配件中主要物品之一。

（二）帽饰的功能

（1）实用功能　冬天具有保暖的作用，保护头部不受寒冷空气的侵袭；夏天可以遮阳防晒，在刮风的季节可以保护头发，在雨天又可以遮雨。

（2）审美功能　选择与服装搭配的帽饰可以提升着装者的气质与魅力，衬托出着装者的社会地位、经济状况、职业形象和风度修养。

（三）帽子的种类

帽子的种类有很多种，分类的形式也各不相同。帽子可以按材料分类、按用途分类和按款式造型分类。

1. 按制作材料分类

按制作材料分为棉布帽、毛呢帽、草帽、皮帽、塑料帽等等（如图5-1）。

（1）棉布帽　各类全棉或棉混纺布制成的帽子，质地柔软舒适，常见的有渔夫帽、棒球帽等，适于休闲与户外运动时佩戴。

(2) 毛呢帽 以呢绒面料为材料制成的帽子,质地挺括丰满,因有较好的保暖性常用于冬季。

(3) 草帽 草帽是用草制品编织的帽子,凉爽透气,适于夏天佩戴。

(4) 皮帽 皮帽分皮革帽和裘皮帽两种。皮帽的保暖性非常好,适用于寒冷的季节佩戴。

(5) 塑料帽 是塑料经过磨具压制而成的帽子。适用于特殊职业和场合佩戴。例如:建筑工人在工地上戴的安全帽,骑摩托车时戴的头盔,等等。

图 5-1 不同材质的帽子

2. 按用途分类

按用途分为工作帽、职业帽、旅游帽、运动帽、礼帽等。

(1) 工作帽 如以安全为目的的安全帽是在工作状态下,以保护工作者的头部所佩戴的帽子。如:炼钢工人、建筑工人所戴的防护性安全帽;消防人员所佩戴的防尘帽、防烟帽、防毒气帽等(如图 5-2、图 5-3)。

(2) 职业帽 以职业需要为前提,有职业标志的帽子。如法官、军人、警察、铁路职业人员等所戴的帽子。

图 5-2 消防帽   图 5-3 防毒气面具帽

(3) 旅游帽 外出旅游观光、考察所戴的帽子。如:太阳帽、草帽、休闲帽、淑女帽等,这类帽子款式造型各异,时尚有个性,轻便舒适,是现代都市人在高节奏的工作之余,外出旅游的必需品。

(4) 运动帽 运动员在特定的环境中从事各类体育运动时所佩戴的帽子。运动帽的设计是以功能性及功效性为前提。不同的运动种类需佩戴不同的帽子。如:游泳帽、登山帽、射击帽、击剑帽、棒球帽等等(如图 5-4)。

图 5-4　不同类型运动帽

(5) 礼帽　出席社交场合时显示礼仪风范的帽式。

① 男士礼帽。又称绅士帽，是男子最庄重的配饰，需与正装搭配出席。如果是特别的外交活动，所佩戴的帽式必须遵循国际惯例要求。秋冬采用深色的羊毛材质，既保暖又能搭配秋冬季节的深色衣物；春夏两季的帽子，以浅色为主，为保障透气性常采用编织草帽或是用其他透气性好的材质制成的帽子（如图5-5）。

② 女士礼帽。女士礼帽款式丰富多样，色彩缤纷艳丽，包括宴会礼帽、婚纱礼帽、丧服礼帽等（如图5-6）。

图 5-5　男士礼帽

图 5-6　女士礼帽

3. 按款式造型分类

按款式造型分为钟形帽、鸭舌帽、贝雷帽等。

（1）钟形帽　外形与吊钟相似。帽身较深，帽檐下倾，一般在帽腰上进行一定的装饰，既可作为礼帽又可作为休闲帽（如图5-7）。

图 5-7　钟形帽

（2）鸭舌帽　帽檐在帽子的前端，因帽檐形扁平似鸭舌而得名。帽檐长、短、宽、窄的不同形成了帽子的不同款式。如大盖帽、棒球帽等。许多设计师在设计具有运动风的服装造型时都喜欢用鸭舌帽来搭配（如图5-8）。

图 5-8　鸭舌帽

（3）贝雷帽　贝雷帽的外形为无帽檐，帽身大，帽墙边细窄贴于头部，帽顶呈圆形的帽式。一般采用较柔软的面料制作，佩戴的方式比较随意，可与不同款式的服装相搭配。适合不同的季节、不同的性别、不同的年龄，是一种人人都可戴的软帽（如图 5-9）。

图 5-9　贝雷帽

（四）帽饰在服饰搭配中的应用

1. 帽饰的色彩选择

（1）根据着装者的肤色选择帽饰色彩　不同的着装者，其肤色是不同的，帽饰的搭配必须要和着装者的肤色协调，用帽子的色彩来修正和衬托肤色。脸色偏黄不适合黄绿色调，也不适合强烈对比色，可选灰、粉等色。对于皮肤较黑的人而言，则就最好不要戴深色帽子，而是尽可能选择一些明度、纯度高一些的帽子，从而使整个人看起来更有精神。对于白皮肤的人来讲，其对帽子色彩的选择则较为广泛，很多种颜色的帽子都能使其看起来神采奕奕。

（2）根据着装者的服饰色彩选择帽饰色彩　帽子的色彩是服装色彩的重要组成部分，不应将它孤立的对待，而应将其放入到服装配色的整体中去，统筹考虑。帽子的色彩与服装色彩的搭配一般采用以下方法：

① 同类色搭配。同类色的组合是较为常用的，一般容易获得和谐统一的效果（如图 5-10）。

图 5-10　同类色帽子的搭配

② 类似色搭配。类似色组合在一起既富于变化又易于协调，给人活泼的感觉（如图 5-11）。

图 5-11　类似色帽子的搭配

③ 对比色搭配。对比色的组合效果强烈、醒目，但在使用上一定要慎重，如果处理不当则会产生杂乱、粗俗的感觉（如图 5-12）。

图 5-12　对比色帽子的搭配

2. 帽饰的材质选择

帽子的质地与服装材质应保持协调统一，达到整体和谐美。如社交礼仪场合的服装材质高档、做工考究，与之搭配的帽子也应该具备高档的材质和考究的工艺；穿着皮夹克、牛仔裤的套装搭配戴牛仔帽能透出人的野性与洒脱。穿棉麻连衣裙的少女戴上遮阳草帽在夏季既能抵挡暑气，还能给人一种乡土情趣的朴素美感（如图 5-13）。

图 5-13　帽子材质搭配

3. 帽饰的造型选择

（1）帽饰与脸型搭配　帽子的造型和着装者的脸型有着非常密切的关联性，根据脸型的不同，选择不同造型的帽子。

① 鹅蛋脸型的帽饰搭配。该脸型是一种比较理想的脸型，给人标准和谐的美感，故其选择帽子造型的范围也比较广，任何造型的帽子都很合适（如图 5-14）。

图 5-14　鹅蛋脸的着装者帽饰搭配

② 圆脸型的帽饰搭配。圆脸型者脸部较大，故不适宜选择内部空间比较小的帽子，否则就会使整个头部更为凸显。因此内部空间比较大且轮廓比较开阔的帽子则比较适合圆脸，这类帽饰能给人带来一种错位感，能让该脸型的着装者显得头部较小，脸部轮廓更为协调（如图 5-15）。

③ 长脸型的帽饰搭配。长脸型最好不要选择高帽，因为会让整个脸部在视觉上被拉长，这类脸型应尽量选择平顶帽，以使整个脸部更为协调（如图 5-16）。

图 5-15　圆脸的着装者帽饰搭配

图 5-16　长脸的着装者帽饰搭配

(2) 帽饰与体型搭配

① 高瘦体型的帽饰搭配。身材高瘦者适合戴体积比较大，帽檐线条柔软流畅、帽身比较深的帽子，如钟形帽。能让着装者显得更为饱满，产生高挑飘逸的感觉（如图 5-17）。

图 5-17　高瘦体型着装者的帽饰搭配

② 瘦小体型着装者帽饰搭配。对于一些比较瘦小的着装者来讲，不宜选择体积比较大的帽子，因为会使身材矮小的缺点更为突出。这类人最好能选择那些较为简练、细致的高顶帽饰，从而使整个人看上去更加利落，也在一定程度上起到提升高度的效果（如图5-18）。

图 5-18　瘦小体型着装者的帽饰搭配

4. 帽饰的风格选择

帽子是附属于服装的，什么风格的服装必须配与之相同风格的帽子，只有这样才能达到着装整体美的效果，否则会弄巧成拙。如：身着休闲服装，便可佩戴活泼随意的、色彩鲜艳的太阳帽、运动帽、贝雷帽；身着时尚款式的呢大衣，则要佩戴一顶做工精致的淑女帽，从而显示出高雅的气质。

> **课堂互动**　**我国少数民族丰富多彩的帽饰**
>
> 同学们，我国少数民族服饰式样繁多、风格迥异，折射出本民族历史、文化及生活习俗的鲜明特征。其中帽饰具有很高的艺术价值和研究价值，同学们可以列举几个少数民族的帽饰并分析一下其特点。

二　鞋饰

（一）鞋饰的定义

用来保护足部、便于行走的穿着物，由皮革、布帛、胶皮等材料制成。

（二）鞋饰的功能

（1）实用功能　鞋子具有保护脚的功能。

（2）装饰功能　鞋子可以修饰下肢形体，特别是高跟鞋，可以调节身体的比例，使下肢显得修长笔直。

（三）鞋的种类

（1）按季节分类　单、夹、棉、凉鞋等。

(2)按材料分类　皮鞋、布鞋、胶鞋、塑料鞋。

(3)按款式分类　鞋的头型有方头、方圆头、圆头、尖圆头、尖头；跟型有平跟、半高跟、高跟、坡跟；鞋帮有高帮、低帮、无帮等（如图5-19）。

图5-19　各种鞋靴

(4)按用途分类　有休闲鞋、运动鞋、劳动保护鞋、旅游鞋、增高鞋等。

（四）鞋饰在服饰搭配中的应用

1. 鞋与服装风格的搭配

鞋的品种、款式应与服装风格相协调。如：西服与皮鞋相搭配，休闲服装与休闲鞋相搭配，运动装与运动鞋相搭配，高跟鞋宜于长裙、喇叭长裤、直筒裤相搭配。

2. 鞋与服装色彩的搭配

(1)鞋子和服饰的同色系搭配　鞋子颜色和服装色彩采用相同或者相近的色相进行搭配，就是同色系搭配。同色系搭配整体效果协调统一、稳重大方（如图5-20）。

图5-20　鞋子和服饰的同色系搭配

(2)百搭款鞋子色彩搭配　小白鞋、小黑鞋、棕色鞋子是百搭款，从专业角度来说，白色、银色和黑色都属于无色系，百搭色。可以大胆地把小白鞋、小黑鞋和任何服装搭配穿，产生不同质感的搭配效果。棕色皮鞋也非常好搭配，男士比较喜欢，经常会被用到（如图5-21）。

图 5-21　百搭款鞋子色彩搭配

（3）鞋子和服饰的对比色搭配　鞋子颜色和服装色彩形成比较强烈的反差，鞋子一般会采用比较明艳的色彩，突出鞋子的修饰效果（如图 5-22）。

图 5-22　鞋子和服饰的对比色搭配

任务 3　箱包与服饰搭配的关系

箱包是人们用来盛装物品的各种包包的统称。箱包与帽饰、鞋饰一样，是时尚领域的重要组成部分。

服饰搭配设计

一　箱包的功能

（1）装饰性　包袋是服饰搭配的重要物品。包与服装的和谐搭配，能够提升着装者的整体形象。

（2）实用性　包袋是人们生活中必不可少的物品，种类繁多、功能齐全，既可存放个人物品，还可以存放公文资料。

二　箱包的分类

1. 按款式分类

按款式分为手袋、单肩包、斜背包、手提包、钱包、背包等。

2. 按功能分类

按功能分为公文包、书包、时装包、晚装包、运动包、旅行包、化妆包、钱包、钥匙包、相机包等。

（1）公文包　是公职人员工作时携带的包。内层较多，可以分门别类地放置各种文件、资料。公文包外观简洁大方，无过多装饰（如图5-23）。

图5-23　公文包

（2）书包　是学生们上学装书和作业本用的包。一般分为双肩背包和单肩背包。包体的大小和色彩因学生的年龄不同而有所变化。如小学生的书包，包体较小，色彩鲜艳醒目，包体上还印有各种装饰图案。中学生书包，包体较大，色彩一般较为素雅（如图5-24）。

图5-24　书包

（3）时装包 时装包时尚新潮，包体大小不一，造型、结构多样，色彩丰富；注重与服装的整体搭配；是女士上班、访客、外出必带的包（如图 5-25）。

图 5-25 时装包

（4）晚装包 是女士出席正式的社交场合所用的包。此类包装饰性大于实用性，包体小巧、精致华贵，与晚装整体服饰配合，起协调、烘托的作用（如图 5-26）。

图 5-26 晚装包

（5）运动包 用于户外活动或体育运动时的包（如图 5-27）。

图 5-27 运动包

（6）旅行包 用于旅行时存放日常用品。款式造型多样，包体较大，有提把和背带，便于携带（如图 5-28）。

图 5-28　旅行包

3. 按材质分类

按材质分为真皮包、人造皮革包、布包、草编包等（如图 5-29）。

（1）天然皮革包　一般采用动物的皮毛制成，如牛皮、鳄鱼皮等。包的款式新颖别致，是包类别中的高档品种。

（2）人造皮革包　由 PU 或 PVC 革制作成的包。此包款式较多，时尚感强，包体可大可小，颜色、装饰多变，属于上班及休闲时携带的包。

（3）布包　用各种布料制作而成的包，如：牛仔包、帆布包、花布包等，属于旅游休闲时携带的包。

（4）草编包　是以植物的叶、茎、藤等材料编织、钩结而成的包。

图 5-29　各种材质的包袋（皮包、PVC 包、布包、草编包）

箱包在服饰搭配中的应用

（一）与服装风格的搭配

不同的穿衣风格需要不同的包袋进行和谐搭配，突出其使用或装饰功能。如职业装适合正规、大气的公文包，晚装适合精致奢华的时装包、手包。运动休闲装则适合运动包或双肩包（如图 5-30）。

图 5-30　包袋与服装风格的搭配

（二）与服装色彩的搭配

箱包与服装进行色彩搭配时，可以选择撞色或者同色系搭配方法，撞色会给人眼前一亮的感觉，同色系则能搭出一种高级感；也可以采用包袋和部分服饰相呼应，比如包袋和鞋子的配色一致，包袋和下装或上装的配色一致，这样的搭配组合，比起全身一个色系，视觉效果更为丰富（如图 5-31）。

图 5-31　包袋与服装色彩同色系搭配

（三）与适用场合的搭配

不同的场合对包袋的搭配不同，款式主要有通勤款、甜美风、街头风、个性款。在社交场合应选用质量较好的、肩带式的细带皮包。参加宴会时，高贵、典雅、造型简洁的蛇皮、羊皮小包都是与礼服相搭配的首选。外出旅游时身着休闲服装所搭配的包大多是双肩后背或斜背挎包。身着牛仔装、运动衫时应选择随性潇洒的帆布包。

> **课堂互动**　**旗袍礼服的包饰**
>
> 　　同学们，近几年融入旗袍元素的礼服设计作品层出不穷，展示出我国传统服饰独特的魅力，大家思考一下，什么风格的包饰可以与旗袍礼服进行搭配呢？

任务 4　首饰配件的点睛作用

自古以来，首饰都是光彩夺目的服饰配件，其种类繁多，样式各异。

一　首饰的定义

指用各种金属材料、宝玉石材料、有机材料以及仿制品制成的，以不同方式佩戴于人体不同部位，并与服装相配套，起到装饰作用的饰品总称。

二　首饰的功能

（一）装饰美化功能

首饰在服饰整体形象中具有锦上添花、画龙点睛的作用，是地位、身份、品位、修养的体现。

（二）传达身份信息功能

首饰配件是人们传达心中特定感情的一种特殊语言，可以展示出个人的身份、地位、情感等信息。如结婚戒指表明已婚，传达永恒的爱情等（如图5-32）。

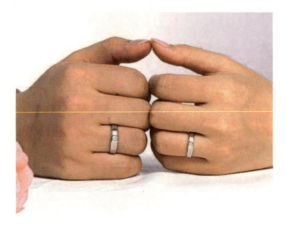

图 5-32　结婚戒指

三　首饰的分类

（一）按佩戴部位分类

按佩戴部位分为手部饰品、耳饰、颈部饰品、胸饰、腕饰等。

1. 戒指

戒指是装饰在手指上的珠宝饰品，戒指除了装饰的作用外，还有更多的寓意。如：结婚戒指象征着爱情的永恒，订婚戒指是爱情的信物，毕业戒指记录着人生的转折等。戒指的款式造型丰富多彩，材料有黄金、白金、银及镶嵌的各种宝石（如图5-33）。

图5-33　戒指

2. 耳饰

耳饰是装饰在耳垂上的饰品。耳饰分耳环和耳坠。耳环是将环形饰物穿过耳垂，进行耳部装饰。耳环的造型大小不一，有精致小巧的耳环，也有粗犷的大耳环。耳坠是从耳垂部向下悬挂的坠饰。耳坠造型丰富、装饰华丽，有水滴形、心形、梨形、花形、串形、链式等。材料有金、银、琥珀、玛瑙、翡翠、钻石、水晶、玉石等（如图5-34）。

图5-34　耳饰

3. 项链

项链属于颈部上的装饰物。品种较多，有金、银项链，各种宝石项链，珍珠项链等，在规格上长度不等。项链坠饰材料为宝石及各种金、银。坠饰的外部造型一般为心形、动物、字母、宗教标志等（如图5-35）。

4. 胸针

带有别针、能装饰在胸部的饰品称为胸针。胸针具有点缀和装饰服装的作用。其造型别致，设计巧妙。材料多为黄金、白金、白银、珍珠、彩石等（如图5-36）。

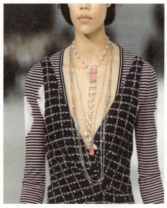

图 5-35 项链与服装搭配

图 5-36 胸针饰品搭配

5. 领带夹

领带夹是男士的重要饰品,既有装饰作用,又具有实用功能,起着固定领带的作用(如图 5-37)。

图 5-37 男士领带夹

(二)按材质分类

按材质分为黄金首饰、铂金首饰、银首饰、黄金镶宝首饰、铂金镶宝首饰等。

（三）按风格分类

按风格分为古典风格首饰、东方风格首饰、民族风格首饰等。

> **课堂互动**　**中国古典首饰中的发饰**
>
> 　　同学们，中国古典首饰中的发饰是历朝历代女子自身追求美丽和情感艺术的具体价值表现，传统典型发饰有"簪""钗""步摇"，哪位同学可以分析一下它们在艺术造型上的相同点和不同点？在现代社会服饰搭配中如何进行使用？

四 首饰在服饰搭配中的应用

20. 传承的文化　中式的浪漫

（一）与佩戴场合相搭配

在不同的地点、不同的环境或不同的氛围中，首饰佩戴应考虑场合因素搭配。把握不同场合的服饰要求，进行得体的首饰搭配，可赢得他人的好感。

1. 社交场合

社交场合分为商务社交场合、晚宴场合、婚礼场合等。到不同的地点出席不同的场合，对服饰的要求各不相同，因此与服饰相搭配的首饰也必须随着服饰的变化而变化。如：晚宴场的着装华贵艳丽，佩戴的首饰一般要求华美夺目，镶有各种宝石或钻石，饰品形体较大，色彩艳丽（如图5-38）。

2. 职业场合

职业场合的着装遵循的是端庄、整洁、稳重、美观、和谐的原则，能给人以愉悦感和庄重感。因此首饰的佩戴上应选用款式简洁的、色彩淡雅的、质料上乘的，以表现出职业女性的成熟与考究（如图5-39）。

图5-38　晚宴首饰佩戴

图5-39　职场首饰佩戴

3. 休闲场合

随着人们生活水平的不断提高，佩戴首饰的人越来越多。人们不只局限于社交礼仪佩戴首饰，而在生活的任何地方、任何场合都佩戴首饰，如休闲、外出郊游或参加朋友派对等。首饰的选择可随个人喜好，如随意的、艳丽的、风格粗朴的、个性化的等（如图5-40）。

图 5-40　个性化的夸张饰物

（二）与人的体型、脸型、肤色相搭配

1. 首饰与人的体型相搭配

（1）高大体型　该体型的特点是骨架粗大、体格健壮、身材高大，因此在饰品的选择上适合体积较大、造型夸张的饰品。

① 耳饰。可选金属质地的耳环，有厚重感；或者质地轻薄但体积夸张的耳饰。不适合佩戴小巧的耳钉。

② 颈饰。可选线条粗长的项链，与身材相呼应，U 形与 V 形均可。

③ 手镯。可选择木质、金属等质地厚重的手镯，或链条环绕堆积式手链，不适宜选择过细的手镯。

④ 戒指。可选择粗细适中、简洁大方的戒指，不适合选择过粗或过细的戒指。

（2）娇小型体型　该体型者的特点是骨架小，体型娇小，脖颈、手臂、手指等比较纤细。在搭配首饰时选择小巧、精致的比较适宜（如图 5-41）。

图 5-41　娇小体型者的首饰搭配

① 耳饰。可选择造型细致、精致小巧的耳饰，不适宜选择大圆、大扇形等造型夸张的耳饰。

② 颈饰。可选择线条较细、吊坠精致的项链或线条简单的长链，不适宜选择颈部堆叠形态的项链。

③ 戒指。可选质地细腻、造型简洁大方、戒面宽度适中或较细的戒指。

（3）肥胖型体型　该体型者大多身材短粗，体型臃肿，脖子短小，手臂粗短，手指短粗，因此在佩戴首饰时要减少身体两侧的视线点，通过压缩视线在视觉上产生"减肥"的效果。

① 耳饰。可选择造型简单的直线型耳饰，如链条式耳坠、流苏等，不宜选择圆形、方形等横向扩张的耳环。

② 颈饰。可不佩戴项链，或佩戴长度略长于锁骨的 V 字形细项链，不可佩戴串珠项链、一字型项链以及烦琐的 U 形项链。

③ 手镯。可佩戴造型简单的臂环类手镯，如镯面为镜面或花纹是直线造型或纵向流线造型的手镯，不宜佩戴细小的单链条式手镯。

④ 戒指。可佩戴戒面狭窄的戒指，不宜佩戴戒托过大的戒指。

（4）清瘦型体型　该体型者的特征是脖子细长，手臂、手指纤细，身材宽度不足，没有明显的腰臀线。在首饰搭配时可选择较为引人注意的饰品，将人的视线向身体两侧扩移（如图 5-42）。

图 5-42　清瘦型体型者的首饰搭配

① 耳饰。可选择具有扩张作用的大圆、方形、扇形等造型的耳环，不宜佩戴具有纵向效果的链条式耳环。

② 颈饰。可佩戴链条略粗的一字形项链，可选吊坠造型简单的圆形、横向椭圆形等形状的项链，不宜佩戴颈环及吊坠造型复杂的项链，否则会使人的视线过多地吸引在细长的颈部。

③ 手镯。可佩戴 2～3 指宽的手环，或相同面积的链条式手链，不宜佩戴单链条或过细的手镯。

④ 戒指。可佩戴普通戒面宽度的戒指，戒指装饰可复杂多样，不宜佩戴戒面过细的戒指。

2. 首饰与人的脸型相搭配

（1）鹅蛋脸　鹅蛋脸型的人只要与自己的衣服相协调，很多基本款式的首饰都适合佩戴。走青春个性风格的可选长方形首饰,优雅风格的选择椭圆饰物,温柔娇小的风格则戴纤细小巧的耳饰。

(2) 方脸 方脸线条明显,容易显得严肃不柔和,可选用水滴、椭圆等比较有线条感的珠宝,拉长脸部线条,淡化棱角,能够利用闪烁的珠宝转移注意力,吸引目光。如:选择吊坠或长于锁骨的项链,有曲线活力的花鸟鱼虫的饰品,尽量使首饰在胸前有一气呵成的V弧线,弱化方下颚的弧度(如图5-43)。

图 5-43 方脸耳饰

(3) 圆脸 圆脸型线条圆润、天真烂漫,但视觉上缺乏轮廓。一般选用流线型、小巧型的耳饰,既能加长脸部线条,又能增添几分棱角;也可以搭配长款项链,形成U、V形状,同样能拉长脸部线条(如图5-44)。

图 5-44 圆脸饰品搭配

(4) 长脸 长脸型棱角分明,给人沉稳内敛的感觉,缺乏生机和灵气。可佩戴宽大的几何形耳环,拉宽脸部;也可佩戴大小合适的圆形项链,平衡过长的视觉(如图5-45);不适合佩戴垂坠感强的链式首饰。

图 5-45 长脸首饰

3. 首饰与人的肤色相搭配

由于不同人种的肤色、发色和眼睛颜色的差异，对珠宝首饰色彩选择也不同。如金发碧眼的白种人，适用浅色调的暖色宝石。黑发、黑瞳孔的东方黄种人宜佩戴暖色调的首饰，可选用红、橘黄、米黄色的宝石，如红宝石、石榴石和黄玉等，使面部色彩宜人。

任务5　发型与化妆的烘托

发型与化妆，统称妆发设计，对服饰搭配效果起到烘托的作用。

妆发的历史可以追溯到远古时代，远古时期人们就开始从动、植物身上提取染料，涂抹在脸上或者身体上用于防身和装饰。现代社会中对于妆发的设计更加注重造型的特色与时尚审美的要求。

一　发型

（一）定义

发型是人头发的造型，是自然美与修饰美的结合。发型不仅展现个人的形象，也体现了时代的精神风貌。

（二）发型的作用

1. 衬托服装整体效果

根据服装风格、款式的要求采用不同发型，形成与服饰相得益彰的效果。如套装配低发髻，显得端庄、干练；运动服配高高束起的马尾，显得青春、活泼和潇洒。

2. 烘托人的风度与气质

适合的发型可以突出人的气质，增加整体美感。如：优美的卷发能够充分展示女性特有的气质，长直发突出女性的风度。

3. 对脸型进行修饰

利用不同的发型可以弥补修饰脸型的不足。如：将头发进行修剪，使其具有层次而弥补脸型的不足。中长直发的两侧头发覆盖颧骨线，使宽脸产生一种变窄的效果。

（三）常见的发型

1. 女性常见发型

（1）波波头　波波头是近几年比较流行的女士短发发型，头发经过修饰在脑袋枕骨部位比较厚重，形成一定的弧度，整体看起来圆润饱满，具有活泼、可爱的特点（如图 5-46）。

图 5-46　波波头

（2）梨花头　梨花头属于中短发，发型类似梨形，所以叫梨花头。梨花头适用于长脸、瓜子脸、国字脸、申字脸等多种脸型，能对脸型起到很好的修饰效果（如图 5-47）。

图 5-47　梨花头

（3）直发　女士传统的发型之一，给人以干净、利落、洒脱的形象。直发可以分为短直发和长直发，根据脸型的不同可以创意出个性十足的发型，表现出惊艳之笔（如图 5-48）。

图 5-48　直发

2. 男性常见发型

（1）寸头　指发长在一寸以内的较短发型，此发型精神、清爽、利索。根据修剪方式又可以分为圆寸、板寸、毛寸。圆寸是指头发从两侧推上去，头整体是圆润造型；板寸整体是个方形，特别是头顶非常平。毛寸发型头顶是用打薄剪刀修剪出来的，有长短不一的层次感（如图 5-49）。

图 5-49　板寸、毛寸（从左向右）

（2）莫西干发型　莫西干发型来自于英式英语中的 Mohican Hairstyle。该发型特点是两侧头发很少很短，头顶中间头发立起来（如图 5-50）。

图 5-50　莫西干发型

（3）蘑菇头发型　整个头型像蘑菇一样圆润，刘海比较厚重，具有可爱、呆萌、减龄的效果（如图 5-51）。

图 5-51　蘑菇头

二 化妆

（一）化妆的定义

化妆是利用一定的材料在人体特定部位的绘画，经过色彩、线条、明暗的描绘，形成瞬间的艺术效果。

（二）化妆的作用

(1) 美化容貌　通过化妆，使优点更加突出，起到美化容貌，增添神采的效果。

(2) 矫正缺陷　弥补或矫正面部缺陷，如可增加鼻梁的挺拔感；可矫正眼形；可使唇部显丰满等。

(3) 护肤美颜　通过使用营养化妆品可使皮肤光洁、美观；用粉底霜可调整皮肤的颜色；描画眉毛可改变眉毛的形态，涂抹眼影可使眼睛柔美传神；涂抹腮红可使面部艳丽红润等。

(4) 增强自信　化妆在增添美丽的同时，也增加了个人的自信，为积极参加社会交往和社会生活增添更多的愉悦。

（三）化妆造型的五要素

(1) 光　化妆造型创作的必要条件，分为自然光和人造光。

① 自然光。一般指非人造光源发出的光线，最大的自然光来源就是日光。自然光按性质又可以分为直射光和散射光。

② 人造光。是人为制造的光。其中日光灯和白炽灯最常用，日光灯是冷色的，有收缩感；白炽灯是暖色的，有扩张感。

(2) 色彩　就是妆容的用色效果。根据色彩的属性，妆容的色彩可以分为亮色彩、暗色彩；冷色系、暖色系。

(3) 面型　脸部和五官的造型，是妆容设计的依据。

(4) 三庭　把脸上下大致三等分，称为三庭。如果三庭之间的距离几乎相等，那么脸的长度比例就是标准的。

① 上庭。前额发际线到眉底线之间的距离位置。

② 中庭。眉底线到鼻底线之间的距离位置。

③ 下庭。鼻底线到下颌线之间的距离位置。

(5) 五眼　指脸的宽度比例，以一只眼的长度作为标准，横向地分出五份，也就是两眼之间的距离是一只眼的长度，外眼角到侧发际线的距离是一只眼的长度，如果五份几乎相等，那么脸的宽度比例就是标准的。

（四）化妆的着重点

(1) 肤色　体现妆面的整体感，应选择真实自然的色彩来表现面部内外轮廓的立体转折，根据自身的天然肤色来确定粉底基调，表现个性、性别及健康状况。

(2) 眼睛　是妆容传神的核心，运用各种色彩、线条、明暗体现眼部的立体感、朦胧感及神采。

(3) 唇部　是女性的魅力点，也是面部化妆的提亮点，在整体妆面中起到画龙点睛的作用，唇部色彩的正确选择应符合肤色"服装色"个性及出现的场合以体现独特的美感。

（五）化妆的常规步骤

1. 护肤

在化妆前一定要对皮肤进行基础护理，对皮肤进行清洁滋润，促进底妆产品与皮肤更好地融合。

2. 涂妆前乳

妆前乳主要作用是弥补肌肤色不均、暗沉的缺点，使肌肤得到修饰，呈现出晶莹透亮的自然光泽。

3. 打粉底

根据不同的肤质和使用习惯可以选择气垫、粉饼、粉底液、粉底霜、粉底棒、BB霜、CC霜进行粉底的涂抹，以此修正肤色、均匀肤色、隐形毛孔，为接下来的上妆奠定基础。

4. 遮瑕

根据瑕疵的不同选择不同颜色的遮瑕膏或遮瑕液，针对粉底无法遮盖的黑眼圈、痘痘、痘印或者是疤痕进行精准遮瑕，使底妆干净无瑕。

5. 修容

修容主要包括阴影和高光，可以使用修容粉、修容膏、修容液，一般的修容产品包括阴影和高光两个部分，可以根据不同的妆面要求和场合，进行不同颜色的挑选。将修容产品涂抹在鼻梁两侧、脸颊两侧、发际线等位置上。将高光产品涂抹在鼻梁、人中、颧骨、额头等位置上。

6. 定妆

在整体的底妆和面部立体的塑造之后，就要对面部进行整体定妆。根据不同的妆容需要，使用哑光或者是珠光的散粉或粉饼加定妆喷雾，对皮肤进行定妆，避免底妆在长时间带妆后出现斑驳脱妆的现象。

7. 眼妆

在进行眼妆之前，要先对眼部使用接近肤色的眼影进行眼部打底，以便于其他颜色眼影的晕染，眼影的上色顺序应该是由浅到深，讲究渐变美。眼影涂好之后，就要画眼线了。根据眼型和妆容要求使用眼线胶笔、眼线液笔、眼线膏等画眼线。眼影眼线完成之后，就可以刷睫毛膏了。刷之前要先用睫毛夹，将睫毛夹翘定型，再由根部向上Z字形刷上睫毛膏。

8. 画眉

根据画好的眼妆对眉形进行调整。先用眉笔勾勒出眉毛的基本轮廓，然后用眉笔或眉粉进行颜色填充，或是使用染眉膏对眉毛进行修改，最后用眉梳梳理眉毛，以使眉色均匀。

9. 腮红

使用粉扑、散粉刷、海绵蛋进行腮红上妆，腮红有膏状、粉状、液态的。腮红的颜色需与唇色或者是眼妆色贴近，用以提升整体的气色。

10. 口红

根据整体的妆容与服装色彩来选择口红的色号，还要与腮红与眼妆的色系进行统一。涂口红之前，可以用唇部遮瑕给嘴唇打底，这样做可以让口红的显色效果更好。

三 不同场合的妆发搭配

（一）日常妆容

21. 日常妆容

1. 妆容效果

日常妆容只需略施粉黛，重点体现人本身的气色，不需要使用太多的底妆对本身的肤色进行遮盖。妆色宜清淡典雅、自然协调、尽量不露化妆痕迹（如图 5-52）。

图 5-52　日常妆容

2. 发型

日常发型有丸子头、披肩发或者是马尾等自然、随意的发型。

（二）职场妆容

1. 妆容效果

职业妆讲究精致干练，切忌浓妆艳抹。整体妆容效果简练得体、干净大方，能凸显出所在工作岗位的专业性。眼妆部分最多使用的是大地色系，深邃的眼神可表现出雷厉风行的办事作风，棕色的眼妆可在第一眼给人带来可信赖感。修容不宜过重，腮红避免粉色、紫色系等艳丽的颜色，口红避免荧光色系的颜色。职业妆妆面应清淡而传神、线条清晰、大方端正，强调自身的光彩与自信魅力（如图 5-53）。

图 5-53　职场妆容

2. 发型

清爽利落的发髻或短发让人看起来精神干练，可以使用发胶或者发蜡来把一些细碎的毛发整理干净。

（三）婚礼妆容

1. 妆容效果

婚礼妆容要求注重脸型、肤色的修饰，化妆的整体效果追求精致、高雅、喜气，使新娘成为众人目光所追逐的目标。为此，面部打底必须完美无瑕，对缺陷进行很好的遮盖，而且妆效要持久、不易脱落（如图 5-54）。

图 5-54　婚礼妆容

2. 发型

发型需要和新娘的礼服和婚纱风格相匹配。比如中式礼服常用的是各种盘发，西式礼服常用的是波浪卷发，从而衬托不同的仪态和气质。

（四）宴会妆容

1. 妆容效果

宴会妆主要强调面部的立体结构，追求奢华、性感效果。眼妆大烟熏或是迷蒙深邃的小烟熏，也可以加入一些比较闪亮的颜色作为点缀，腮红可以稍微深一些，但是颜色要与眼妆相呼应，口红要和服装、妆容进行搭配，推荐正红色、玫红色等浓重的颜色（如图 5-55）。

图 5-55　宴会妆容

2. 发型

宴会的发型主要是根据不同的宴会服装进行搭配，比如，白色无袖礼服加高耸发髻；高耸的发髻搭配直线条的黑色无袖连衣裙；白色抹胸礼服加中分卷发；金色卷发散发成熟女人的妩媚风情，可搭配一款乳白色与金色拼接的抹胸小晚礼服。

■ 知识大比拼（50分）

说明：判断正误，每题3分，共计30分
1. 项链、胸针、耳环、手镯、头花、发冠等属于具有装饰性功能的服饰配件。（ ）
2. 炼钢工人、建筑工人所戴的防护性安全帽属于职业帽的范畴。（ ）
3. 男士礼帽的佩戴必须遵循国际惯例要求。（ ）
4. 圆脸型人在选择帽饰时应尽量选择平顶帽，以使整个脸部更为协调。（ ）
5. 高大体型人在搭配首饰时选择小巧、精致的比较适宜。（ ）
6. 长脸型人适合佩戴宽大的几何形耳环，以此拉宽脸部。（ ）
7. 晚装包是女士出席正式的社交场合所用的包。此类包装饰性大于实用性，包体小巧、精致华贵。（ ）
8. 女性梨花头适用于长脸型、瓜子脸、国字脸、申字脸等多种脸型，能对脸型起到很好的修饰效果。（ ）
9. 化妆造型的五要素分别是：自然光、色彩、面型、三庭、五眼。（ ）
10. 职业妆讲究精致干练，切忌浓妆艳抹。（ ）

说明：简答题，每题5分，共计20分
1. 简述服饰配件在服饰搭配中的作用。
2. 简述如何进行帽饰的色彩选择。
3. 简述如何根据适用场合进行包袋的搭配。
4. 简述首饰与体型的对应关系。

■ 技能大比武（50分）

请给下图两位女士搭配适合的服饰品与妆容、发型，并说明原因。

教师来评价

（评价说明：教师根据以下评分标准为学生的技能大比武项目进行打分，也可以根据需要调整各项分值或增减评分项）

1. 完成形式多样丰富，有设计方案文档，有配套制作的 PPT 等。（15 分）
2. 制定方案内容丰富，条理清晰，分析全面准确。（10 分）
3. 能够深入分析穿着对象的特点，结合服饰配件知识，有理有据进行服饰品与妆容、发型选择与组合。（15 分）
4. 学习态度端正、认真，精益求精。（10 分）

学生得分总评

知识大比拼分值 _____　　技能大比武分值 _____

课外学苑

丝巾的搭配

荧幕女神奥黛丽·赫本曾说："当我戴上丝巾时，从没有那样明确地感受到我是一个女人，一个美丽的女人。"丝巾，系上的不只是温暖，更是品位，它能使日常着装搭配更加优雅，花样繁多的系法还能"一巾多用"，时尚又实用。

丝巾可以和多种风格款式的服装进行搭配，比如风衣、连衣裙、皮衣、衬衫甚至西装等。丝巾和风衣的搭配使女性更加优雅，特别是穿着颜色深沉的风衣时，若脖子上能有一条亮色的丝巾点缀，整个人的气色都会被提亮，显得精神奕奕；与连衣裙搭配则自然唯美，本就婉约的裙装再加上飘逸的丝巾，给人一种随风翩翩起舞的感觉，在微风徐徐的街道上将成为一抹亮丽的风景；丝巾还能为西装笔挺的白领女士增添一丝浪漫的气息，特别是廓形宽松的中性风格西装，把女性特有的气质埋没其中，此时一条灵动的丝巾就派上了用场，在硬朗的西装下隐约露出胸前随意披挂的丝巾，仿佛刚从秀场出来一般。

丝巾在和服装搭配时还要注意颜色的选择。对于端庄典雅型女性来说，全身的色彩不宜超过三种，但对时髦摩登型女性来说，再多的色彩只要搭配比例得当，也会很美观。

单色服装搭配花色的丝巾通常比较出彩，但要注意一点，丝巾的数种颜色中需有一种和服装颜色一致或极其相似，这样二者就能相互呼应，和谐统一，不会有突兀之感。花色服装搭配单色丝巾则要求服装的几种颜色中有一种要与丝巾一样或相似；单色丝巾搭配单色服装时只要遵循一般的色彩搭配原理即可；花色丝巾搭配花色服装时则要小心了，通常情况下不会这样选择。除此之外，在选择丝巾时还要注意与自己肤色协调统一。

总而言之，丝巾在女性服装配饰中扮演着非常重要的角色，面对琳琅满目的丝巾时，要懂得如何选择、如何搭配，才能更好地提升自身的形象气质。

项目六
服饰搭配的综合运用

学习目标

1. 知识目标
- 掌握自我自然条件构成要素
- 掌握自我主观条件构成要素
- 了解服饰搭配中的 TPO 原则
- 了解什么是流行，什么是个性
- 掌握服饰搭配中个性与流行的关系

2. 能力目标
- 能够正确、全面对自我条件进行分析
- 能够运用 TPO 原则进行着装搭配
- 能够处理好服饰搭配中流行与个性的关系，恰当地运用流行元素

3. 素质目标
- 通过对综合服饰搭配知识的学习，拓展学生创新思维，提升敢为人先、追求卓越的创新设计能力。
- 提升思辨能力，对服饰流行信息能够进行正确的分析、合理的应用，反映出较高的专业素养。

任务描述

分析自我条件的特点，扬长避短为自己设定合适的色彩和风格

课前思考

- 如何彰显服装搭配中的个性？
- 我们在进行服装陈列中流行元素的体现重要吗？
- TPO 服饰搭配原则在我们生活如何体现？

基础知识

英国著名服装设计师玛丽·匡特曾说：时尚女人穿衣服，而不是衣服穿她。这句话说明塑造服饰形象不仅要掌握服饰搭配技巧，更要对自我形象进行全面的剖析与认识，两者相结合才能够充分发挥自身优势，凸显个人穿搭风格。

任务 1　认识自我

每个人的自身条件不同,在穿衣搭配时,选对适合自己的服装风格和色彩,才能够穿出特点,穿出美感。因此,服饰搭配的第一步就是对自我自然条件及自我主观条件的认知与剖析。

一　自我自然条件

(一) 定义

自我自然条件是指人们由于基因、遗传、生活环境、人种等因素的影响,所形成的与生俱来的人体外在条件,也称人的自然属性。

(二) 构成

自我自然条件包括性别、身高、体重、相貌、体型特征、肤色、发色等,是决定服饰选择的基本条件。这些自然特征就是每个人的生命密码,除非人为因素,不会轻易改变。

二　自我主观条件

(一) 定义

自我主观条件是指人们经过后天的学习与阅历的积淀所形成的独特的气质、涵养或性情的外在体现。每个人的气质和修养是可以依靠不断提高的知识含量,研究品德修养,丰富自己内涵而实现的。

(二) 构成

自我主观条件主要决定因素是气质,根据各自特点,气质分为四个类型,分别是:多血质、胆汁质、黏液质、抑郁质(如图6-1)。

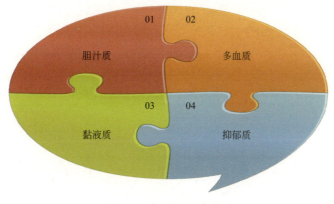

图 6-1　气质的四种类型

1. 胆汁质

（1）优点　有强烈的好奇心，喜欢一切新鲜事物、新的活动，喜欢提出别出心裁的活动。理解能力强，接受新事物能力强。朝气蓬勃，常常都是充满活力，反应敏捷，做事果敢，喜欢刺激的故事或事物。

（2）缺点　不太会控制自己的情绪，容易激动，在公共场合喜欢表现自己，喜欢坚持自己的意见，说话语速快，喜欢与人争辩，总爱打断别人说话来发表自己的意见。

2. 多血质

（1）优点　思维灵活，反应敏捷，善于人际交往，对新事物极易产生兴趣，理解能力强，是一切社会活动的积极参与者。

（2）缺点　做事多有始无终，三分钟热度，常常会见异思迁，注意力很难集中。容易激动，情感变化十分迅速，稍稍有一些难过或者不顺心的事就十分低落，稍微得到些安慰之后又马上变得无比开心。

3. 黏液质

（1）优点　不易激动，性格内敛，善于克制自己，心胸宽广，不计较小事，凡事能忍则忍，顾全大局。办事稳妥，工作认真严谨、有条不紊，不做无把握之事，有耐力，注意力集中，时刻遵守组织纪律，从不打扰别人，对自己要求较严格。

（2）缺点　动作迟缓，反应速度较慢，理解问题的速度较慢，不喜欢做太难太具有挑战性的工作，不够自信，喜欢独处，少言寡语，面部表情单一，感情极少外露。

4. 抑郁质

（1）优点　记忆力强，性格稳重内敛，感情细腻丰富，能够觉察到一般人很难感觉到的微小变化。

（2）缺点　缺乏感情，难沟通，对新的知识接受能力差，当工作或者学习遇到挫折后会感受到极大的痛苦。喜欢回忆，逃避现实。遇到不顺心的事容易神经过敏，患得患失，甚至痛哭流涕，缺乏乐观的态度。

三　自我服饰形象的确定

通过对自我自然条件、自我气质类型的分析，总结出自身的优势与劣势，运用服饰搭配中的各种要素，找对适合自己的服饰类型与风格。

（一）自我款式风格的确定

风格分类	量感	形态	印象	出彩秘诀
优雅型	中等	偏静	柔和、含蓄、内敛	合体、花形图案、柔亮色彩、轻柔面料
浪漫型	中等/偏大	动	圆润、妩媚、迷人	贴身、具象花纹、流畅线条、浪漫色彩
古典型	中等/偏大	偏静	端庄、精致、高贵	宽松、简洁线条、挺括面料、抽象图案
自然型	中等	偏静	大方、淳朴、亲和	宽松、条格图案、休闲款式、天然面料
前卫型	小/中小	动	个性、另类、犀利	标新立异、别致个性、夸张、裸露

1. 优雅型风格

（1）特征　五官、身材纤细、秀气、圆润。

（2）适合款型　花形图案、柔亮色彩、柔软的针织品、雪纺绸、合体服饰，呈现温婉、柔媚、娴静、恬谧、淑雅、清丽的特点（如图6-2～图6-4）。

图6-2　柔软针织装扮　　　　图6-3　柔亮色彩　　　　图6-4　合体连衣裙

2. 浪漫型风格

（1）特征　体态丰满婀娜，容颜柔和圆润。

（2）适合款型　具象花纹、贴身款式、流畅的线条、柔软面料、浪漫色彩、金属配饰，呈现高雅、潇洒、飘逸、妩媚、性感、风情万种的特点（如图6-5～图6-7）。

图6-5　浪漫色彩　　　　图6-6　流畅的线条　　　　图6-7　柔软面料

3. 古典型风格

（1）特征　形体整体呈直线感，眉眼、嘴唇平直，身材适中。

（2）适合款型　抽象图案、宽松款式、简洁线条、挺括面料，呈现端庄、典雅、高贵、严谨、知性、成熟的特点（如图6-8）。

图6-8　古典风格

4. 自然型风格

（1）特征　眉眼平和，面部轮廓及五官线条柔和但呈现直线感，形体多为直线。

（2）适合款型　抽象花纹、条格图案、休闲款式、天然面料，呈现成熟、平和、随意、洒脱、大方、自然的特点（如图6-9）。

图6-9　休闲服装

5. 前卫型风格

（1）特征　身材小巧玲珑呈骨感，脸庞偏小、线条清晰，五官个性感强。

（2）适合款型　标新立异、别致个性、夸张、裸露，呈现率直、出位、叛逆的特点（如图6-10）。

项目六　服饰搭配的综合运用

图 6-10　前卫风格

（二）自我服饰色彩的确定

"四季色彩理论"作为一种全新的色彩应用规律，给人们的个性色彩选择带来巨大的影响，因此我们可以运用"四季色彩理论"进行自我服饰色彩的确定。

23. 服饰搭配访谈

1."四季色彩理论"的内容

"四季色彩理论"是由美国人卡洛尔·杰克逊女士所提出的，她根据人与生俱来的肤色、发色、眼珠色等"人体色特征"进行科学地分析与分类，对应大自然四季的色彩特征，总结出"春""秋"暖色系（如图 6-11）和"夏""冬"冷色系（如图 6-12）四大色彩系列，为不同的人找到其最适合的色彩群及相互间的搭配关系，利用四季色彩来完成服饰色彩与个人自然条件的和谐统一搭配。

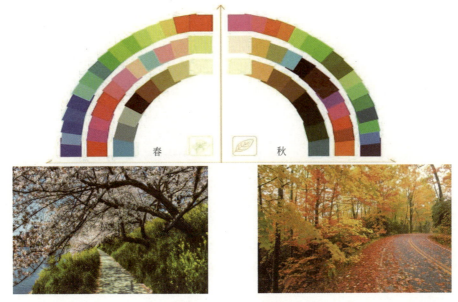

图 6-11　春、秋暖色系

图6-12　夏、冬冷色系

2. 四季色彩理论的应用

24. 四季色彩理论

（1）春季型　春季型色系如图6-13。

① 外貌特点

● 肤色特征　浅象牙色、暖米色，细腻而有透明感。

● 眼睛特征　像玻璃球一样奕奕闪光，眼珠为亮茶色、黄玉色，眼白感觉呈湖蓝色。

● 发色特征　发质柔软、明亮如绢的茶色，柔和的棕黄色、栗色。

● 性格特征　可爱、活泼、亮丽、朝气蓬勃。

② 适合色系　春季型人属于暖色系中的明亮色调，与之相适合的颜色是以黄色为主色调的各种明亮、鲜艳、轻快的颜色。

图6-13　春季型色系

③ 色彩搭配

- 春季型的人肤色较白，对色彩的适应面较广，但对有凉爽感的冷色调并不适用，如藏蓝、洋李紫色、冷灰等。
- 深色系对春季型的人来说过于沉重，尽量避免作为主色调来搭配。
- 在色彩搭配时，要注意主色与点缀色之间应出现对比，适合有光泽、明亮的黄金饰品（如图 6-14）。

图 6-14　春季型色彩搭配

（2）夏季型　夏季型色系如图 6-15。

① 外貌特点
- 肤色特征　粉白、乳白色皮肤，带蓝调的褐色皮肤，小麦色皮肤。
- 眼睛特征　目光柔和，整体感觉温柔，眼珠呈焦茶色、深棕色。
- 发色特征　轻柔的黑色、灰黑色，柔和的棕色或深棕色。
- 性格特征　清新、淡雅、温柔、恬静、安详。

② 适合色系　夏季型人属于冷色系的人，适合轻柔淡雅的色系，最佳色彩为蓝、紫色调，不适合有光泽、深重、纯正的颜色，而适合轻柔、含混的淡色。

图 6-15　夏季型色系

③ 色彩搭配

● 在色彩搭配上，最好避免反差大的色调，适合在同一色相里进行浓淡搭配，或者在蓝灰、蓝绿、蓝紫等相邻色相里进行浓淡搭配。

● 夏季型人不适合穿黑色，过深的颜色会破坏夏季型人的柔美，可用一些浅淡的灰蓝色、蓝灰色、紫色来代替黑色，做上班的职业套装，既雅致又干练。

● 在色彩搭配上，应尽量避免反差和强烈的对比，运用相同色系或相邻色系进行浓淡搭配，能够更好地表现夏季型人的特点（如图 6-16）。

图 6-16　夏季型色彩搭配

（3）秋季型　秋季型色系如图 6-17。

① 外貌特点

● 肤色特征　匀净如瓷般的象牙白、褐色、土褐色、脸上很少有红晕。

● 发色特征　褐色、深棕色系等。

● 眼睛特征　浅琥珀色、深褐色，眼神沉稳。

● 性格特征　成熟、平稳、温厚、包容、大气。

② 适合色系　以金色为主调的暖色系颜色，沉稳浑厚的颜色能很好地衬托秋季型人匀净的肤质，会显得自然、高贵、典雅，如棕色、金色、苔绿色、砖红色、橄榄绿、驼色等色彩。

图 6-17　秋季型色系

③ 色彩搭配
- 在服装的色彩搭配上，不太适合强烈的对比色，只有在相同的色相或相邻色相的浓淡搭配中才能突出华丽感。
- 秋季型的人选择服饰色彩要温柔浓郁，黑色会使皮肤发黄，可以用棕色代替（如图 6-18）。

图 6-18　秋季型色彩搭配

（4）冬季型　冬季型色系如图 6-19。

① 外貌特点
- **肤色特征**　肤色呈发青的冷白色调，少部分人会有玫瑰粉的红晕。
- **发色特征**　深褐色、深棕色系等。
- **眼睛特征**　眼睛明亮锐利，浅琥珀色、深褐色。
- **性格特征**　干练、洒脱、张扬、敏锐、果断。

② 适合色系　冬季型人属于冷色系的人，适合穿纯正、饱和的颜色及有光泽感的面料，如白色、青白色、黄褐色、大红色、宝石蓝绿色、紫色、各种灰色、黑色等，含混不清的混合色不适合与冬季型人天生的肤色特征相配。

图 6-19　冬季型色系

③ 色彩搭配
- 在四种季型中，只有冬季型人最适用黑、白、灰这三种颜色，也只有在冬季型人身上，黑、白、灰这三个大众常用色才能得到最好的演绎，真正发挥出无彩色的鲜明个性。

● 冬季型人在选择色彩时，非常适合强烈对比的搭配风格，避免选择浑浊发旧的中间色，选择鲜明、光泽度高的色彩非常适合（如图 6-20）。

图 6-20　冬季型色彩搭配

（三）自我气质类型的确定

1. 进行测试

个人气质类型各不相同，认真阅读以下 60 个题，认为自身情况非常符合的记"+2"，比较符合的记"+1"，不能确定的记"0"，不太符合的记"-1"，完全不符合的记"-2"。

序号	问　题	自身情况				
		非常符合	比较符合	不能确定	不太符合	完全不符合
1	做事力求稳妥，不做无把握之事。					
2	遇到生气的事就怒不可遏，想把心里话全说出来才痛快。					
3	宁肯一个人干事，不愿很多人在一起干。					
4	到一个新环境很快就能适应。					
5	厌恶那些强烈的刺激，如尖叫、危险镜头等。					
6	和人争吵时，总是先发制人，喜欢挑衅。					
7	喜欢安静的环境。					
8	善于和人交往。					
9	羡慕那种克制自己感情的人。					
10	生活有规律，很少违反作息制度。					
11	在多数情况下情绪是乐观的。					
12	碰到陌生人觉得很拘束。					

续表

序号	问题	自身情况				
		非常符合	比较符合	不能确定	不太符合	完全不符合
13	遇到令人气愤的事,能很好地自我克制。					
14	做事总是有旺盛的精力。					
15	遇到问题常常举棋不定,优柔寡断。					
16	在人群中从不觉得过分拘束。					
17	情绪高昂时,觉得干什么都有趣,情绪低落时,又觉得什么都没意思。					
18	当注意力集中于一事物时,别的事很难使我分心。					
19	理解问题总比别人快。					
20	碰到危险情景,常有一种极度恐怖感。					
21	对学习工作和事业怀有很高的热情。					
22	能够长时间做枯燥单调的工作。					
23	对符合兴趣的事情,干起来劲头十足,否则就不想干。					
24	一点小事就能引起情绪波动。					
25	讨厌做那些需要耐心细致的工作。					
26	与人交往不卑不亢。					
27	喜欢参加热烈的活动。					
28	爱看感情细腻、描写人物内心活动的文学作品。					
29	工作学习时间长了,会感到厌倦。					
30	不喜欢长时间谈一个问题,而愿意实际动手干。					
31	宁愿侃侃而谈,不愿窃窃私语。					
32	别人说我总是闷闷不乐。					
33	理解问题比别人慢些。					
34	疲倦时只要短暂休息就能精神抖擞起来,重新投入学习。					
35	心里有话宁愿自己想,不愿说出来。					
36	认准一个目标就希望尽快实现,不达目的誓不罢休。					
37	与别人学习同样一段时间后,常比别人更疲倦。					
38	做事有些莽撞,常常不考虑后果。					
39	老师讲授新知识时,总希望他讲慢些,多重复几遍。					
40	能够很快地忘记那些不愉快的事情。					

续表

序号	问 题	自身情况				
		非常符合	比较符合	不能确定	不太符合	完全不符合
41	做作业或完成一件工作总比别人花的时间多。					
42	喜欢运动量大的体育活动，或各种文艺活动。					
43	不能很快地把注意力从一件事转到另一件事上去。					
44	接受一个任务后，就希望迅速解决它。					
45	认为墨守成规比冒风险强些。					
46	能够同时注意几件事物。					
47	当我烦闷的时候，别人很难使我高兴起来。					
48	爱看情节起伏跌宕、激动人心的小说。					
49	工作始终认真严谨。					
50	和周围人们的关系总是相处不好。					
51	喜欢复习学过的知识，重复做已掌握的工作。					
52	喜欢做变化大、花样多的工作。					
53	小时会背的诗歌，我似乎比别人记得清楚。					
54	别人出语伤人，可我并不觉得怎么样。					
55	在体育活动中，常因反应慢而落后。					
56	反应敏捷，头脑机灵。					
57	喜欢有条理而不甚麻烦的工作。					
58	兴奋的事常使我失眠。					
59	老师讲新概念我常常听不懂，但是弄清后就很难忘记。					
60	假如工作枯燥无味，马上就会情绪低落。					

2. 核算分数

把参考题目的得分相加，在括号内填写各栏的总分。

气质类型	参考题目	得分合计
胆汁质	2 6 9 14 17 21 27 31 36 38 42 48 50 54 58	
多血质	4 8 11 16 19 23 25 29 34 40 44 46 52 56 60	
黏液质	1 7 10 13 18 22 26 30 33 39 43 45 49 55 57	
抑郁质	3 5 12 15 20 24 28 32 35 37 41 47 51 53 59	

3. 确定气质类型

（1）如果某类气质类型得分明显高出其他三种 4 分以上，则可定为该类气质；如果得分超过 20 分，则为典型型；如果得分在 10～20 分，则为一般型。

（2）如果两种气质类型得分接近，其差异低于 3 分，而且又明显高于其他两种，且高出 4 分以上，则可定为两种气质的混合型。

（3）如果三种气质得分均高于第四种，而且接近，则为三种气质的混合型，如多血质—胆汁质—黏液质混合型或多血质—黏液质—抑郁质混合型。

4. 气质与服装风格

每个人的气质类型与服装风格的选择有密切的关系。适合的服装类型与风格，能够更好地衬托出个人的气质气韵，展现个性魅力。

气质类型	个性特点	适合服装
胆汁质	精力旺盛、思维敏捷、朝气蓬勃、充满活力、理解能力强、接受新事物能力强	前卫型风格服装 运动型风格服装
多血质	活泼开朗、善于人际交往、对新事物极易产生兴趣、理解能力强、容易情绪化	浪漫型风格服装 戏剧型风格服装
黏液质	稳重内敛、顾全大局、严谨认真、有条不紊、遵守组织纪律、对自己要求较严格、善于克制自己	稳重型风格服装 儒雅型风格服装
抑郁质	稳重内敛、感情细腻、优柔寡断、对新鲜事物接受能力差、喜欢回忆、容易逃避现实	保守型风格服装 传统型风格服装

课堂互动　四大名著中人物的气质类型

同学们，能不能结合我国古典四大名著中的人物特点，对应找出符合上面四种气质类型的人物？

任务 2　TPO 原则的掌握与应用

1963 年由日本的男装协会为该年度的流行主题提出了 TPO 原则，目的是在日本国内确立男装的国际规范和标准。TPO 原则一经提出不仅在日本国内迅速推广普及，也被国际时装界所认可和接受，逐渐发展成为国际公认的一条穿衣原则。遵循 TPO 原则，能使穿衣打扮更合于礼仪规范，显示出个人的着装文化与修养风度。

25. TPO 原则的掌握与应用

一　TPO 原则的定义

TPO 三个字母分别代表 Time（时间）、Place（地点）以及 Object（目的），即人们的服装搭配应与穿着的时间、地点以及目的相一致（如图 6-21）。

图 6-21　TPO 穿衣原则

二　TPO 原则的构成

（一）时间原则与着装

1. 季节性时间

着装的选择要适合不同的季节气候，随着四季的更替，服装的款式种类、色彩、材质都会发生变化。如冬穿毛衫、羽绒服（如图 6-22），夏穿 T 恤、短裙（如图 6-23）。

图 6-22　冬季服装

图 6-23　夏季服装

2. 具体性时间

一天中的具体时间可以分为白天和夜晚。白天工作时，应穿着较正式、适合工作需求的服装，以体现职业性和专业性；晚上居家时则以方便、舒适的衣着为主；出席晚宴则需根据场合穿礼服或正装，佩戴饰品等（如图 6-24 ～图 6-26）。

（二）地点原则与着装

1. 自然环境

自然环境即城市、乡村、南方、北方、国内、国外。例如在冬天，棉衣、棉裤、棉鞋对于气候寒冷的北方是必不可少的，在冰天雪地的东北，没有皮衣很难过冬；而在气温较高的江南或者云南，冬季不一定需要棉衣，甚至薄衣或者夹衣就可以过冬了。

图 6-24　职业装

图 6-25　家居服

图 6-26　宴会礼服

2. 社会环境

社会环境是指上班、会议、运动、聚会、晚宴、舞会等。着装者应根据不同的社交礼仪，穿着适合这些场合的服装，例如在单位或公司工作穿职业套装会显得专业；在家里接待客人，穿着舒适但整洁的家居服或者休闲服；外出旅游或出差时，着装要顾及当地的传统和风俗习惯，例如去教堂或寺庙等场所，要避免穿着暴露的服装或奇装异服。

（三）目的原则与着装

1. 个人目的

着装者需要通过服饰反映出个人的审美品位、气质内涵，显示个人所处的社会阶层，表达个人的品位和个性以及着装者对他人产生的吸引力。因此，在穿衣打扮时除了自己喜爱之外，更重要的是要通过着装实现自己的某种目的，要懂得在特定的场合如何去选择、搭配合适的服装进行展示自己。

2. 社会目的

社会目的即要求着装者在选择服装时要符合社会的审美标准，适应自己扮演的社会角色。例如在职业（商务）场合就要选择庄重大方，能突显出穿着者专业干练的衣着，男性应穿西服、毛料中山服或职业制服，女性则可穿套装、套裙、职业装等（如图 6-27）；在休闲场合着装应轻便、舒适和随意，体现出轻松、愉快、明朗（如图 6-28）；在正式约会场合女性要注重时尚、端庄、温情、细腻的特质（如图 6-29）；社交宴会场合则需要华丽的、典雅的、高贵的、时尚的、耀眼的服饰搭配（如图 6-30～图 6-32）。

> **课堂互动** 生活中的 TPO 原则
>
> 同学们，大家总结一下，在我们身边有哪些不符合 TPO 原则的实例？分析一下不符合原因？

图 6-27　职业场合衣着

图 6-28　休闲装

图 6-29　约会服装

图 6-30　小礼服

图 6-31　中式礼服

图 6-32　长裙晚礼服

任务 3 服饰搭配中的流行与个性

一 认识服装流行

（一）定义

服装流行是指在一定时期、一定地域或某一群体中以服装为载体的广为传播的流行现象。其流行形式主要包括服装的款式、色彩、质料、图案、工艺装饰以及穿着方式等方面。服装的流行反映了特定历史时期和地区的人们特有的服装审美需求和倾向，体现了一段时间内服装文化的面貌。

（二）服装流行的影响因素

从服装流行的萌芽产生，到高潮发展，直至衰退消亡，每一个服装流行阶段的呈现，都不是无缘无故的，都受到了来自外界因素和人类自身因素的双重影响（如图6-33）。

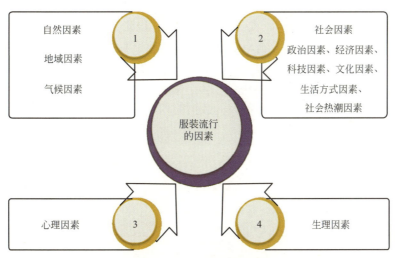

图 6-33 服装流行的因素

1. 自然因素

自然因素对于服装的流行起着一定的制约作用，它的制约常常是一种外在性的和宏观上的，主要包括地域因素和气候因素两个方面。

（1）地域因素 地域的不同和自然环境的优劣，使得服装的流行保持了各自的地方特色。例如：在交通和通信发达的地区，人们通过市场、媒体等方式能够及时地获得和把握服装流行信息，因此该地区的人们审美观念也开放，服装流行较前卫、时尚（如图6-34）；而在一些偏远地区的人们因地理位置、自然条件、交通和经济等的限制，往往固守自己的风俗习惯和服饰行为，形成了一些极具地域特色的民俗服饰文化（如图6-35）。

（2）气候因素 人们根据各地的气候条件适度地调整和选择穿着服装，使之适应其气候特征。一般气候条件越是恶劣的地区，由于气候的限制，人们对于服装流行的亲和力就越小；而气候条件优越的地区，人们对于服装流行的亲和力也就越大。

图 6-34　时尚穿搭　　　　图 6-35　地域特色民族服饰

2. 社会因素

服装与社会发展的诸因素之间既是一种直接或间接的制约关系，又是一种相互联系、相互影响的血亲关系，它们共同谱写着人类社会和文化的篇章。

（1）政治因素　纵观服装的发展历史，各个国家、各个历史时期的重大政治变革，均不同程度地推动了服装的流行和变化。如我国战国时期，赵武灵王看到胡人窄袖短袄、作战便捷的服装优势，提出了"着胡服、习骑射"的服装改良主张（如图 6-36），从而推动了传统汉民族服饰中裤装的应用与发展。

图 6-36　胡服骑射

(2) 经济因素　轻纺业是我国的重要行业，服装的面料、辅料以及加工机械等，都是我国经济建设的一个重要组成部分。从社会进化的历史来看，凡是社会经济高度发展的时期，由于思想的进步和审美观念的深化，服装必然也随之面貌一新（如图6-37）。

图6-37　新型纺织业

(3) 科技因素　每一种有关服装技术方面的发明和革新，都会给服装的发展带来重要的促进作用。19世纪初的工业革命推动了机械的发明，1841年法国人巴泰勒米·蒂莫尼埃设计发明了第一台缝纫机，大大提高了服装生产的效率。1884年法国人查尔东耐成功地使人造纤维工业化，使服装材料更加丰富多彩。现代社会，新面料的不断问世，服装款式的不断更新使我们应接不暇，这都要归功于科技的进步。

(4) 文化因素　从服装发展的历史中我们可以看到服装文化受社会文化的影响颇深。例如：盛唐时期服装造型较为大胆，出现了袒胸露肩的款式，这就是中外文化交流产生的结果。另外，东方文化强调统一、和谐、对称，追求"天人合一"，因此服装上倾向于采取宽松、左右对称的平面剪裁方法（如图6-38）。而西方文化强调极强的外向性，因此，在服装上有着比较明显的造型意识，注重设计的个性特征，着力于体现人体曲线，强调三维效果，不和谐的造型比比皆是（如图6-39）。

图6-38　中国宋代素罗大袖

图6-39　法国文艺复兴时期服装

(5) 生活方式因素　在制约服装流行的诸因素中，生活方式是较为密切的制约因素，生活方式告诉人们应该穿什么样的衣服。一方面，有什么样的生活方式，就会产生与之相适应的服装。另一方面,社会的变革,经济、科技、文化的进步,其生活方式也随之改变,服装的流行也随之改变。

(6)社会热潮因素　社会热潮也是制约服装流行的因素之一,政治热潮、文化热潮、体育热潮等都会影响服装的流行,从而使服装的流行增加新的内容。

3. 生理因素

服装通过人体的穿着才能展现其美的状态,人的生理特征与服装的流行有着直接的制约关系,例如人体肤色、胖瘦、高矮等都影响着装者对服装搭配的选择。皮肤偏黄的人尽量选择穿黑色、大红色或橡皮粉,可以在一定程度上让肤色显得亮白(如图6-40);肤色暗沉的人忌穿黑色系列的颜色,可以选择一些饱和度较高的颜色,像亮蓝色和银灰色以及森林绿等(如图6-41);身形高且瘦的人适合穿长款服装,身形较低且丰满的人适合穿短款服装(如图6-42)。

图 6-40　暗皮肤者着装

图 6-41　身材高瘦者着装

图 6-42　身材丰满者着装

4. 心理因素

心理因素对服装流行的影响是内在的和潜在性的，是构成服装流行变化的主要原因，不管是求新、求异、模仿或者是从众，都会对服装的流行推波助澜。

（三）服装流行的元素

服装流行元素是服装搭配学的重要组成部分，从服装的主要构成内容分析，我们可以把服装的流行元素归为以下几种。

1. 流行的款式

流行款式的发展，必然是遵循物极必反的规律，一般是宽胖之极必向窄瘦变动；长大之极必向短小变动，时尚是一种循环。例如：西方国家 18 世纪广泛流行 A 字形浪漫裙（如图 6-43）；到 20 世纪初则开始广泛流行吉普赛少女形象（如图 6-44），也就是今日所说的休闲风格；20 世纪 40 年代由于二战的影响，硬朗的军装风格成为主流（如图 6-45）；20 世纪 60 年代则流行新风貌性感 A 字裙（如图 6-46）；20 世纪 70 年代则又流行牛仔装等无性格差别的服装。

图 6-43　A 字形浪漫裙

图 6-44　吉普赛少女形象

图 6-45　军装风格服装

2. 流行的色彩

（1）流行色定义　所谓流行色即"时髦色彩"（fashion colour），是反映在一定时期和区

图 6-46 新风貌时期服装

域范围内人类社会生活中受到广泛爱好的色彩与格调。它是一段时期内一定社会的政治、经济、文化、环境和人们心理活动等因素的综合产物。

(2) 流行色的形成

① 国际流行色。1963 年由英国、奥地利、比利时、保加利亚、法国、匈牙利、波兰、罗马尼亚、瑞士、捷克、荷兰、西班牙、德国、日本等十多个国家联合成立了国际流行色委员会，总部设在法国巴黎。各成员国专家每年召开两次会议，讨论未来十八个月的春夏或秋冬流行色定案。协会对各成员国提案讨论、表决、选定一致公认的三组色彩为这一季的流行色，分别为男装、女装和休闲装。然后，各国根据本国的情况采用、修订，发布本国的流行色。

② 中国流行色。是由中国流行色协会制定，通过观察国内外流行色的发展状况，取得大量的市场资料，然后对资料作分析和筛选而制定，在色彩定制中还加入了社会、文化、经济等因素。

3. 流行的材质

服装材质作为构成服装的物质基础，也有明显的时代印记。不同时期，都有不同特征和性能的面料成为社会的主流面料，如改革开放时期的的确良，20 世纪 70 年代风靡一时的牛仔面料；近两年流行的羊毛双面呢面料等。

4. 流行的配饰

流行的配饰包括以下几种：包、鞋、帽子、眼镜、手套、围巾、手链、项链、徽章等。根据每年的流行变化，配饰也呈现出不同风格。例如改革开放初期，社会广泛流行穿黑色布鞋，20 世纪 70 年代流行尖头皮鞋，而现代社会鞋子款式丰富，有布鞋、皮鞋、高跟鞋、中跟鞋、平底鞋、松糕鞋等，充满个性。

（四）服装流行的特点

1. 新颖性

这是服装流行最为显著的特点。流行的产生基于消费者寻求变化的心理和追求"新"的表达。人们希望对传统的突破，期待对新生的肯定。这一点在服装上主要表现为款式、面料、色彩的三个变化上。因此，服装企业要把握住人们的"善变"心理，以迎合消费"求异"需要。

2. 短时性

"时装"一定不会长期流行，长期流行的一定不是"时装"。一种服装款式如果为众人接受，便否定了服装原有的"新颖性"特点。这样，人们便会开始新的"猎奇"。如果流行的款式被大多数人放弃的话，那么该款式时装便进入了衰退期。

3. 普及性

一种服装款式只有为大多数目标顾客接受了，才能形成真正的流行。追随、模仿是流行的两个行为特点。只有少数人采用，无论如何是掀不起流行趋势的。

4. 周期性

一般来说，一种服装款式从流行到消失，过去若干年后还会以新的面目出现。这样，服装流行就呈现出周期特点。日本学者内山生等人发现，裙子的长短变化周期约为 24 年。

二 认识服装个性

（一）定义

服装个性有两重含义：一是穿着者在搭配服装时，遵循"度身择衣"的原则，根据自身的形体、外貌、性格来选择合适的服装。二是穿着者搭配大胆，敢于穿、敢于表达，敢于通过服饰文化去表现自己的个性。

（二）特点

1. 合适求宜

由于人的性格、外貌、身材各不相同，穿着者在选择服装时会根据自身的条件进行搭配，活泼性格的人会选择亮色的服装、时尚的款式；沉稳性格的人会选择间色的服装、简单的款式；身材瘦小的人会选择短款服装，身材修长的人会选择长款服装。每个人都会根据自身的条件去搭配适合自己的服装，这是服装个性最重要的体现（如图 6-47、图 6-48）。

图 6-47　可爱性格服装

图 6-48　冷酷风格服装

2. 时尚求新

当某些服装款式流行一段时间后，会有一部分重视个人属性、喜欢走在时尚最前列的人开始追求与众不同、标新立异的装束，并且在自己身上进行的时尚实验，博人眼球，引领时尚潮流。这部分人以明星、社会名流、服装设计师、服装搭配师等从事时尚行业的人居多（如图 6-49）。

图 6-49　街头时尚穿搭

3. 叛逆求异

还有一部分人因为个性与大众不同，并且因为某种原因想要表达出极强的个性特征，会穿着一些与当下社会流行格格不入的服装款式，这些服装不为社会大众所认可（如图 6-50）。

图 6-50　叛逆风格服装

三　服饰搭配中的流行与个性的结合

服装的流行像永不休止的浪潮一样，此起彼伏，它敏锐地反映出各个时代具有普遍意义的服装文化趋向和审美趋向，而个性是每一个流行时段中个人审美价值体现的重要标准，在一定程度上又折射出当前的流行。因此个性和流行是服装搭配中不可分割的两个要素，两者相辅相成、相互依赖，通过流行与个性的共生，最终达到你中有我、我中有你的完美呈现。

（一）流行突出个性

服装的流行首先基于人的生理、心理方面的原因，同时还会受到社会政治、经济、科技、文化的影响。分析这些影响服装的因素，不要盲目跟风，把流行当"调料"放进当季衣服中，使自己永远时髦又别具一格，在流行中找到适合自己的风格，在流行中巧妙地突出自己的个性。

（二）个性体现流行

个性很重要，但在服饰搭配中如果只考虑个性不跟随流行，就会导致个人的装扮与社会格格不入、特立独行，从而对生活、交际产生影响。因此要肯定流行中新颖积极的一面并经过理性的分析，结合自身的审美倾向，在色彩和款式上融入流行元素，体现出时代感与时尚感。

（三）个性与流行的整体性原则

服装搭配中的流行元素与个性特征是相辅相成、相互依赖、不可分割的关系。我们要将流行通过个性穿着进行传递，要注重在个性张扬中折射当前的流行。一个成功的服饰形象，需要张弛有度，秉承流行与个性结合的整体原则，将两者衔接的天衣无缝，既突出流行，又彰显个性。

知识大比拼（20分）

说明：将正确的选项填在括号里，每小题2分，共计10分

1. 下列属于自我自然条件构成元素的是（　　）。
   A. 身高、体重　　　　　　　　B. 肤色、发色
   C. 气质、涵养　　　　　　　　D. 性别、相貌

2. "思维灵活，反应敏捷，善于人际交往，对新事物极易产生兴趣，理解能力强，是一切社会活动的积极参与者"，这个优点属于（　　）。
   A. 胆汁质　　　B. 多血质　　　C. 黏液质　　　D. 抑郁质

3. 前卫型风格的出彩特点是（　　）。
   A. 合体、花形图案、柔亮色彩、轻柔面料
   B. 贴身、具象花纹、流畅线条、浪漫色彩
   C. 宽松、条格图案、休闲款式、天然面料
   D. 标新立异、别致个性、夸张、裸露

4. 春季型人的肤色特征为（　　）。
   A. 浅象牙色、暖米色、细腻而有透明感
   B. 粉白、乳白色皮肤，带蓝调的褐色皮肤，小麦色皮肤
   C. 匀净如瓷般的象牙白、褐色、土褐色、脸上很少有红晕
   D. 肤色呈发青的冷白色调，少部分人会有玫瑰粉的红晕

5. TPO原则是指（　　）。
   A. 时间原则、环境原则、目的原则

B. 时间原则、地点原则、目的原则
C. 季节原则、地点原则、目的原则
D. 时间原则、地点原则、人物原则

说明：简答题，每题 5 分，共计 10 分。
1. 简述四季色彩理论。
2. 简述服饰搭配中流行与个性的结合要求。

技能大比武（80分）

1. 参照气质分析条件，进行气质分析，找出属于自身气质类型的服装类别。
2. 为你身边的朋友进行四季色彩诊断，为他们设计服装色系穿着方案。
3. 根据四季色彩理论，为下列服装分别进行春、夏、秋、冬的色彩搭配。

4. 小米是一位入职三年的公司业务部人员，明天她将代表公司参加一个商务谈判，请根据 TPO 原则，为她制订一个着装方案。

教师来评价

（评价说明：教师根据以下评分标准为学生的技能大比武项目进行打分，也可以根据需要调整各项分值或增减评分项）

1. 按照每个训练项目要求完成作业，完成数量齐全，完成形式规范。（10分）
2. 能够深入分析穿着对象的特点，结合TPO原则，进行服饰风格与类别的选择与组合。（20分）
3. 制定的配色方案分析准确，体现出四季色彩理论的灵活应用。（20分）
4. 完成形式多样丰富，有设计方案文档，有配套制作的PPT等。（20分）
5. 学习态度端正、认真，精益求精。（10分）

■ 学生得分总评

知识大比拼分值 _____   技能大比武分值 _____

商务场合中的女士服饰搭配

商务场合一般是指工作于比较正式的场合，比如正式接待、会议场合、谈判场合等。通常情况下，商务场合需要着正装出席。

商务场合中女士着装要尽可能地做到正式和规范，从细节当中体现出自身的修养。商务女士正装是常规选择，具体款式可以是上下配套的裤装或裙装，也可以是上下不成套的，只要没有T恤和运动鞋等一些休闲的服饰元素，一般都可以作为商务场合女士的着装。

在着装的过程中，如果选择裙套装，要重视以下几点细节。

首先，裙子材质要选择纯纺或混纺的纺织品，如毛呢、棉麻等，皮质的裙子万万不可选。裙子的长度一般在膝盖上下5厘米，年轻女性可以是膝盖以上5厘米，年长的女性一般可以在膝盖以下5厘米。色彩的选择要秉持稳重、大气、素雅的原则。

其次，袜子很重要。穿裙子一定要配袜子，因为穿袜子才能显得正式，不能觉得天气热就不穿。袜子可以是肉色的或黑色的高筒丝袜。

再次，鞋子要讲究。正式场合女士要穿前不露脚趾，后不露脚跟的中跟皮鞋，所以一般不能是皮凉鞋、丁字鞋等皮鞋，一般是中跟的船形鞋。

最后是配饰要少而精。商务女士的配饰是起到一个画龙点睛的作用的，所以如果使用配饰的结果是使自己的整体形象下降，那么配饰就没必要了。所以首先配饰的数量不能多，一般三件以内，而且要力求同质同色。

项目七
典型形象的服饰风格表现

学习目标

1. 知识目标
- 了解各种服饰形象的定位与表现
- 明确各种服饰形象搭配特点
- 掌握各种服装形象的搭配方法

2. 能力目标
- 能够熟练掌握各种服饰形象的特点与表现
- 能够根据"1+X"职业技能证书的要求，完成相应风格形象的搭配任务

3. 素质目标
- 培养学生热爱美，创造美的能力
- 培养学生爱岗敬业、团结协作、精益求精的专业素质

任务描述

依据每个人不同的个性特点、容貌气质等内容为多名女性进行服饰搭配，展现不同的服饰形象风格。

课前思考

- 日常生活中，你都见过哪些服饰形象，服饰形象具有什么特点？
- 你个人最喜欢哪种服饰形象？
- 在服装陈列展示中服饰形象与品牌形象的关系如何体现？

基础知识

服饰形象不仅包含自身的因素，服饰的介入也起到了决定性作用，正如郭沫若所说"衣服是文化的表征，衣服是思想的形象"。一个人的穿着打扮，衬托了容貌、气质和风度，反映了素质、品行和修养，传递了心态、爱好和身份。恰如其分的服饰装扮，会舒服自己，会悦目他人。现实生活中常见的服饰形象包括：成熟智慧型、时尚前卫型、浪漫性感型、中性化型、休闲运动型。

任务 1 成熟智慧形象的服饰风格

经济的发展带来社会思想、文化等各个领域的不断进步，越来越多的女性走出家门走向社会。独立自主、成熟睿智、精明豁达成为这个时代女性的典型特点，她们自信而有内涵，优雅中带有坚韧；工作上干练，生活中不失风情万种。

一 成熟智慧形象的定位与表现

26. 成熟稳重形象搭配技巧

（一）定位

成熟智慧型的女性的着装打扮首先应立足于成熟这一特点上，年龄介于 35～55 岁，这一年龄段的女性大多有着丰富的生活阅历，完全脱离了年轻女孩的娇嫩与稚气，对待人生有着自己独到的见解，有着极强的自信心，能准确把握人生的方向而不易被他人左右，这主要还取决一点，那就是她们拥有聪明的头脑且大多具有一定的学识素养，丰厚的知识积累不仅增强了她们的自信心，更重要的是由此而使其由内而外所表现出的知性魅力。

（二）表现

成熟智慧属于事业型，既成熟稳重，又机敏聪慧。工作中信心百倍，游刃有余，处理问题干净利落毫不拖泥带水。对待生活，充满热情，精致而富有品位。

二 成熟智慧形象服饰搭配特点

（一）款式造型搭配

作为职场中的佼佼者，成熟智慧型的女性多把精力放在工作中，因此工作时间的穿着就显得尤为重要。其整体款式造型多较为简洁、大方，线条处理上简洁明了，以"H"形线及"S"形线为主，注重细节处理，但要避免琐碎、层叠、烦冗的装饰。

（二）色彩搭配

通常情况下，春夏季可以选择一些色彩比较淡雅的裙装。在相对比较宽松的办公环境中可以穿着带有适当花纹图案的服装，搭配适当的配饰，以增强着装的时尚感，但图案不宜过大或过于花哨，对身材比较自信的女士可选用明度、纯度比较高的色彩（如图 7-1）。秋冬季的着装整体色彩如选用咖啡色、深灰色、黑色、深蓝等明度较暗的色调，为打破色彩沉闷感，可以局部使用点缀色，或是搭配配饰，如腰链、包袋、丝巾、胸针等都会起到画龙点睛的作用（如图 7-2）。此外，白衬衣和黑色毛衫作为百搭服，是不可或缺的，它可以作为内搭、外衣等形式与多种服装搭配，并很好地表现出女性的潇洒干练（如图 7-3）。

图 7-1 高明度搭配

图 7-2 配饰的应用

图 7-3 白衬衣应用

（三）面料搭配

面料以细密高档的材质为主。夏季面料可以选择富有弹性、不宜皱褶的精纺凡立丁、派力司等。双面毛呢、粗花呢等质感丰厚材质是冬季服装的首选，也可选用一些悬垂性好、质地紧实的针织材质。

（四）配饰搭配

成熟智慧风格的配饰运用应遵守"以少胜多"的原则。精巧的皮鞋、皮靴，质地高档、做工精细的皮包，各种图案或素色的丝巾，素雅的时装帽、纤细的腰带，珍珠、钻石、白金材质的成套的首饰、胸针，透出商务气息的腕表……都是成熟智慧型装扮不可或缺的点缀。如若在整体中加以色彩与质感的对比，则可以很好地提升整体着装的观感（图7-4～图7-6）。

图 7-4 搭配丝巾

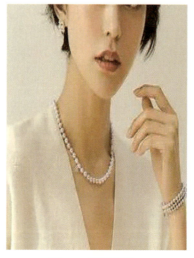
图 7-5 搭配耳饰

图 7-6 搭配腕表

项目七 典型形象的服饰风格表现

此外，出席晚宴、聚会等特殊场合，其着装可相对隆重一些，造型上可选择"S"形线、色彩雅致的中长款连衣裙或裁剪适体的套装，能恰到好处地衬托出高贵、成熟、雅致气质风范（如图 7-7）。

图 7-7 宴会礼服

 时尚前卫形象的定位与表现

（一）定位

当今时代，时尚日趋多元化，人们更注重表达自己的情感与个性，更有一些人时刻走在时尚的最前沿，他们总是在追求不断变化和创新，可以说，他们是新流行的缔造者，每一季的流行就是在这样一群人对"新、奇、异"追求下和对"固有习惯"的背叛下周而复始地被带动起来的。代表这一类形象的人群普遍年龄段比较小，集中在 16～26 岁之间，他们广泛的活跃在学校、街头、夜店等娱乐场所。

（二）表现

时尚前卫的人们能将不断变化的各种流行元素加以创新，通过各种怪诞不羁的装扮演绎出来。像 20 世纪 60 年代的"嬉皮士"（如图 7-8），70 年代的"朋克"（如图 7-9），80 年代的"雅皮士"（如图 7-10），这些风格一直延续到 90 年代至当代，虽在形式上有不同变化，

169

但其根本风格不变，90年代开始又出现了哈韩风、嘻哈风等，都是通过标新立异的穿着和行为上放荡不羁来进行自我个性的释放。对于时尚前卫的人们来说自己定义的时尚才是时尚，舒服、随性就是他们的终极目标。

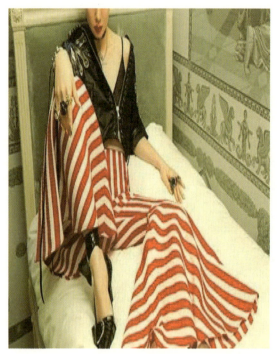

图 7-8　嬉皮士

图 7-9　朋克风

图 7-10　雅皮士

时尚前卫形象服饰搭配特点

随着文化多元交融，近两年时尚前卫型的人士主要钟情以下几种流行风格，其各自的搭配风格鲜明，很好的彰显出特立独行的气质特点。

（一）嘻哈风格搭配

嘻哈即"Hip-Hop"是发端于美国的时尚风格，它把音乐、舞蹈、涂鸦、服饰装扮紧紧捆绑在一起，成为20世纪90年代最为强势的一种青年风格。嘻哈风格往往给人一种自由随意之感，恰好迎合了年轻人的喜好，因此风格历久弥新，经久不衰，但因其服饰搭配的独特性也往往给人一种叛逆、玩世不恭之感。

1. 款式造型搭配

嘻哈风格典型特点就是"超大尺寸"，其廓形一般为"H"形、"O"形，宽大的印有夸张Logo的T恤，宽大拖沓的板裤、牛仔裤或者裤脚侧开拉链的运动裤，总之宽大是这一形象的重要表征。

2. 色彩搭配

嘻哈风格在色彩上多喜用一些黑白灰与纯度较高的红黄蓝等有彩色配搭，此外，像一些刻意做旧的陈旧色调，磨白、擦色，追求返璞归真的自然色。整体色调看起来是低调的，却反倒备受瞩目。

3. 面料搭配

嘻哈风格形象对面料没有特别的诉求，结合款式多使用纯棉、混纺、粗毛呢等给人自然随意之感的面料，当然像刻意做旧牛仔，粗犷的皮革都是他们所钟爱的。

4. 配饰搭配

与宽大的服装相搭配，篮球鞋或工人靴、钓鱼帽或者是棒球帽、民族花样的包头巾、头发染烫成麦穗头或编成小辫子都成为他们形象中重要的组成部分。此外还有像文身、银质耳环或者是鼻环、臂环、墨镜、耳机、滑板车、双肩背包等。当然随着流行的演绎，嘻哈风格的着装也有了更多的延伸。

今天的年轻女性对嘻哈的诠释更多地加入了性感的成分，修身的运动套装，热辣的贴身背心、连衣裙以及紧身牛仔裤，运动鞋或是高跟鞋，同样不可缺少的配饰有：夸张耀眼的水钻饰品、墨镜、腕表、闪亮的手提包等，这种服装与饰物之间"繁"与"简"的对比，以及质感、色彩的对比，再加上服装造型上的夸张，使得嘻哈一族时刻都是视觉焦点（见图7-11、图7-12）。

（二）朋克风格搭配

朋克风格发端于二十世纪六七十年代的美国"地下文化"和"无政府主义"风潮，体现出咆哮、粗野和不修饰的意味，色彩或艳丽或质朴或中性或性感，面料或皮革或棉毛或纱质，皆可表现。自20世纪90年代以后，在时尚领域出现了后朋克风潮，主要表现是：鲜艳、破烂、简洁、金属、街头。

图 7-11　男性嘻哈风格　　　　　　　图 7-12　女性嘻哈风格

1. 款式造型搭配

外形宽松缀满金属饰品的夹克和牛仔裤是朋克风格的典型表现,整体造型松垮,女孩们也爱搭配印有苏格兰图案的迷你裙。当然在这些随意自由的造型中有时还配上与众不同的图案,或是把T恤衫或牛仔裤刻意撕破、做旧(见图7-13)。

图 7-13　朋克风格款式造型

2. 色彩搭配

随着流行的不断变化，朋克潮也有各种表现，但基本是以黑色、白色为主基调，金属铆钉和浓艳色为点缀。常见的搭配是黑色的T恤或带有风帽的运动衫，破洞的牛仔裤再搭配一双马丁靴，而头发或是文身则做成红色、蓝色、紫色等靓丽的色调。女孩子在追求朋克风格时也可加入一些女性化色彩，比如时下流行的烟熏妆、彩色网眼或条纹丝袜、色彩鲜艳的印花小T恤，在整体着装中大量使用补色搭配，在色彩上取胜。

3. 配饰搭配

朋克风格最引人注目的是发型和饰物的搭配，最典型的发型就是贝克汉姆的"莫西干"头（见图7-14），用硬发胶打成的刺猬式发型，并漂染成各种颜色；再就是穿多个甚至一排耳洞，并带上金属小耳环；手腕上套着粗粗细细的金属手链，手指带有骷髅或其他各种怪模怪样的戒指，脖子上围着金属项圈。

图 7-14　朋克风格发型

（三）波西米亚风格搭配

波西米亚风格的服装并不是单纯指波西米亚当地人的民族服装，服装的"外貌"也不局限于波西米亚的民族服装和吉普赛风格的服装。它是一种融合了多民族风格的现代多元文化的产物。

1. 款式造型搭配

整体造型上强调宽松、舒适。上装以V字领、U字领和一字领为主。下装最有代表性的是A字形长裙，裙长及膝或过膝，下摆宽大，裙子上多有横断线和层次丰富的褶皱。吉普赛风格的裙身更长,多数长至脚踝。

层层叠叠的花边、无领袒肩的宽松上衣、大朵的印花、手工的花边和细绳结、皮质的流苏、纷乱的珠串装饰等都是此种风格的典型表现。

2. 色彩搭配

波西米亚风格的服饰色彩丰富而繁杂,但又不失协调。常用的搭配形式有纯度较低的灰调性搭配高纯度的色相和金银色系,如亮橙+黑色、宝蓝与金啡等;或者使用近似色搭配,如灰蓝与粉紫、玫红与粉红等。此外该搭配的另一亮点是大面积使用艳丽而抽象的花色图案,如迷乱的大理石纹样,具有图腾意味的民族图案,传递出神秘且浪漫的感受(如图7-15)。

3. 面料搭配

波西米亚风格服饰多以棉、麻、毛、磨砂皮革、牛仔布等天然面料为主,有些还采用了化纤以及含莱卡的面料,金属质感的面料也偶有出现,配合花色纹样和繁杂的装饰给人以自由而张扬之感。

4. 配饰搭配

波西米亚风格中饰物的使用常表现为佩戴数量繁多、层层叠叠的项链、手链或戒指,首饰材料以金属和各种质地的彩色石头为主,首饰的尺寸通常比较大、民族感强(如图7-16)。腰带和包上也有镶嵌装饰;再搭配上一头波浪乱发和一双带有流苏的皮质小短靴,这就是充满艺术和自由气质的波西米亚风格了。

图7-15 波西米亚风格

图 7-16　波西米亚风格的配饰

（四）洛丽塔风格服饰搭配

洛丽塔风格较早风靡于日本，意为天真可爱的少女，并把十四岁以下的少女称为"LOLITA"，简称为"LOLI"（萝莉）。近年来，洛丽塔风格的年龄界限变得日渐模糊，这并不是为了装嫩，而是通过衣着表达生活的态度，年龄不能成为禁锢内心对美好事物的向往，通过衣着来实现年少时的梦幻柔情。洛丽塔风格分为三个族群：古典洛丽塔、甜美洛丽塔、优雅哥特式洛丽塔。

1. 款式造型搭配

就整体风格来看，洛丽塔借鉴了众多欧洲近代文艺复兴时期、浪漫主义时期的服饰设计元素，如维多利亚时期的装扮、洛可可风格、巴洛克风格、哥特式风格。将这些风格元素提取再创新就形成了洛丽塔风格，在复古的款式造型基础上，大量运用蕾丝、荷叶边等典型元素打造出甜美优雅又不失个性的感觉；同时设计感十足、精致考究的印花也是风格的重要元素，这些印花的主题内容迥异，可以搭配出多种多样的风格，在保留传统欧洲贵族服装精细考究的基础上，还受到哥特式与朋克等不同文化风格的影响，表现整体风格统一的前提下又呈现出多元化的形式美感。

2. 色彩搭配

洛丽塔风格整体表现较为多元，因此，色彩使用也极为丰富，古典风格的洛丽塔多以简约色调为主，如表现高贵感的酒红色、墨绿色，柔和的粉色、米色等，并喜欢使用一些花饰，整体给人以清雅大方的美感（如图 7-17）。而甜美风格洛丽塔则多喜用白色、粉红色、粉蓝色等高明度浅色系，给人以粉嫩甜美之感（如图 7-18）。优雅哥特式风格洛丽塔常用黑白色调，给人一种冷艳、神秘、华丽又带有阴森诡异之气的优雅之感（如图 7-19）。

图 7-17　古典洛丽塔

图 7-18　甜美洛丽塔

图 7-19　优雅哥特式洛丽塔

3. 面料搭配

为契合洛丽塔带有古典美感的小女孩形象，该风格大量采用蕾丝、印花布料等，古典型较之甜美型蕾丝所用较少，而多采用碎花布、袖带和暗花纹还有大量的荷叶褶，面料多以质感舒适且具高级感的锦缎为主。

4. 配饰搭配

甜美风格洛丽塔常搭配公主圆头、平底鞋、彩色长袜、淡淡的腮红,体现出强烈的洋娃娃气质。哥特式洛丽塔常用深色妆容、黑色的指甲来表达神秘感,再搭配亮闪闪的大号银饰,如十字架、骷髅饰品等。古典洛丽塔的配饰有斗篷式外套、古典气息的鞋子、小花帽或方巾。

(五) 混搭风格服饰搭配

混搭风格就是把各种不同风格的衣服以及各种配饰搭配在一起,穿出一种另外的效果。混搭风格是近两年时尚界最为风靡的词汇,也是时尚前卫人士竞相追捧的一种服饰风格。服装混搭的形式包括了以下四个方面。

27.混搭风格形象搭配技巧

(1) 面料混搭　　不同质地、不同光泽、不同厚薄材质之间的任意组合。如牛仔、皮革与雪纺、蕾丝、丝绸的搭配(如图7-20)。

(2) 色彩混搭　　采用对比强烈、纯度相当的色彩,形成强烈的视觉冲击。

(3) 风格混搭　　如中性的西服、风衣中加上女性味十足的蕾丝再配一条少女风格的雪纺塔裙,运动感棒球服搭配柔软的丝绸长裙等(如图7-21)。

(4) 线条混搭　　其特点就是将体积或线条相差较大的服装单品搭配在一起,能起到丰富视觉的效果。

图7-20　面料混搭

图7-21　风格混搭

课堂互动　**时尚风格的流行**

同学们,除了以上提及的几个时尚风格,你认为还有哪些时尚风格?当下流行的服装风格有几种?

服饰搭配设计

任务 3　浪漫性感形象的服饰搭配风格

浪漫性感形象的服饰搭配最具女人韵味，这样的搭配风格温柔浪漫，风情万种，令人过目难忘，印象深刻。

一　浪漫性感形象的定位与表现

28. 浪漫性感形象搭配技巧

（一）定位

浪漫性感是属于女性的专有形象，多处于 25～45 岁之间，柔和的面部线条、丰满圆润的身材，散发出温柔多情、华丽性感的女性魅力（见图 7-22）。

图 7-22　浪漫性感形象典型代表

（二）表现

浪漫性感形象常采用艳丽的红色、热烈的橙色、多情的粉色、高贵的紫色、华丽的金色，"S"形的曲线衣装，轻薄柔软的雪纺、蕾丝、绸缎，华美高贵的皮草、饰品，举手投足间显露出万种风情和对生活的想象和热情。

二　浪漫性感形象服饰搭配特点

29. 虚拟仿真——浪漫性感服饰形象

1. 款式造型搭配

浪漫性感型的女士较适合华美、夸张、以曲线裁剪为主的服装。外廓形仍以"S"或"A"形线为主，像一些蓬松而线条流畅的长裙、礼服，再如比较柔软、悬垂感好、虽然造型上为宽松式但能体现女人风情的服装，还有领、袖等部位采用曲线剪裁设计的上衣以及弹性适度能体现曲线美的紧身衣等，都是这一类型女士的首选。

2. 色彩搭配

浪漫性感型的女性在色彩上多喜用当季的流行色，明度适中，饱和度高，整体偏于艳丽。冬季多用一些中明度的暖色调，再搭配黑、白、灰、咖啡等中性色调。夏季则选用较为柔和的粉色系，如淡紫、肉色、米色等色调，渐变色使用对于表现浪漫感也非常到位。

3. 面料搭配

这一类型春秋季节多选用天鹅绒、针织、精纺毛呢等细腻柔和的面料，面料带有花卉图案或豹纹图案（如图 7-23、图 7-24）。夏季采用轻柔飘逸的雪纺、丝缎、蕾丝，带有印染或刺绣花卉纹样。褶皱、镶嵌、荷叶边装饰的领口、袖口或是下摆，再配以粉色调，女性的妩媚多姿展露无遗（如图 7-25）。

图 7-23 花卉图案面料

图 7-24 豹纹图案面料

图 7-25　柔软飘逸的夏季裙装

4. 配饰搭配

  优雅的波浪卷发、披肩长发、精致的妆容都是浪漫形象的表现，浪漫性感型的女士最适合佩戴各类首饰，尤其宝石、多层长款珍珠项链是提升女性浪漫魅力的法宝，无论是简约的还是相对复杂的服装款式，搭配这样的一条项链都不会让人觉得多余。立体感强的花形胸针，细致的小羊皮手套和手包，都能很好地增加整体观感。露肩装饰也能营造出浪漫性感，随意地围搭在肩部，可以很好地柔和肩部线条，给人小鸟依人的感觉（如图 7-26）。

图 7-26　优雅的配饰搭配

任务 4　中性化形象的服饰风格

中性化英文简称为 Unisex，即是指无显著性别特征的无差异特征的，其主要特征为性别模糊和性别淡化。中性化形象的产生是时代发展到一定时期的产物，在历史上的不同时期，中性化也曾间接地出现过，或是男装女性化，或是女装男性化，显然无法与当代的社会风尚相较，随着时代的发展中性化的形象如今早已成为一种普遍现象。

30. 中性化形象搭配技巧

中性化形象的风格定位与表现

（一）定位

中性化形象顾名思义是介于两性形象中间的一种形象表现，其主要服饰特征是男女皆适用的样式或风格，即在男性化的形象中带有女性特质，在女性形象中表现出男性形象特质，最为突出的是女性形象的中性化表现（如图7-27）。

图 7-27　中性化风格

（二）表现

中性化形象早在17世纪下半叶的法国巴洛克时期就曾在男性形象中出现，被称为孔雀革命，当时的男性服饰中流行层层叠叠的蕾丝和缎带、绚丽的色彩以及各种繁杂的设计，其华丽程度远远超过女性服饰。19世纪初期到20世纪初期随着女权运动的高涨，女性们开始留起短发，穿直身短裙，并出现了裤装，这为后期的中性化形象奠定了基础（如图7-28），20世纪60年代，著名设计师伊夫·圣·洛朗的设计揭开了中性化服装的序幕（如图7-29），接踵而至的80年代，经济的飞速发展推动了女性对自身的觉醒，纷纷走向社会，要求与男性同等地享有社会权利，带有宽大垫肩的西服、长裤，成为这一时期典型的着装形象（如图7-30），著名设计大师阿玛尼所设计的简洁利落的直身造型的中性化服装成为当时时尚的典范，这个时代又被称为"阿玛尼时代"，时至今日，阿玛尼设计中的中性风格、极简主义一直为人们所喜爱（如图 7-31）。

图 7-28　20 世纪初女性着装

图 7-29　吸烟装形象

图 7-30　20 世纪 80 年代女性着装

图 7-31　现代中性风格着装

二　中性化形象的搭配特点

（一）中性化女性形象的搭配

中性化的服饰形象打破了女性柔和、浪漫之美，将大量带有男性特征的元素运用在女性的着装中。

1. 造型搭配

摒弃过多细节设计或是收紧腰身的处理，而是加入宽大垫肩，收缩下摆，以营造出男性特有的 V 形形象，或是运用 H 形的轮廓造型，产生宽松适度、简洁利落之感，总之，通过造型的处理以产生帅气干练的形象（如图 7-32）。

图 7-32　中性化女性着装造型搭配

2. 色彩搭配

选用素雅、沉稳的色彩，特别是一些明度较低，灰度较高的传统、简洁的有色彩色系及经典的黑、白、灰色系，以产生自然、低调及中立的情感（见图 7-33）。

图 7-33　中性化女性着装色彩搭配

3. 面料搭配

多运用挺括型面料，线条清晰而具有体量感以增强服装廓形的明朗感。日常搭配上则多以运动休闲为主的平底鞋，棒球帽、贝雷帽等体现帅气利落的帽式及增加形象感的墨镜为主要搭配饰物（如图 7-34）。

图 7-34　中性化女性着装材质搭配

（二）中性化男性形象搭配

中性化的男性形象通过服饰搭配将女性阴柔之美的元素运用到男性的着装中，以此弱化男性特征。

1. 造型搭配

采用收身合体造型，如西服的肩型适体甚至少量内收，腰部收省，整体造型设计紧凑，给人以纤细羸弱的美感，充满性别暧昧的感觉。局部设计多见于女装中常用的领型、袖型、腰部造型及夸张的口袋以营造出女性化的形式美感（如图 7-35）。

图 7-35　中性化男性着装造型搭配

2. 色彩搭配

采用明亮鲜艳、纯度较高的色调,如各种明度的红色、黄色、绿色,除了大面积的亮色调,在局部细节上也会搭配使用明度和纯度都较高的色系,整体达到高调张扬之感。

3. 面料搭配

面料则给人以细腻考究之感,有些设计则会加入大面积的花卉图案。细节点缀也是男装中性化的重要表现,如:局部花朵、动物的装饰、精致的胸针、领带夹等配饰的使用(如图 7-36)。

图 7-36 中性化男性着装色彩及面料搭配

课堂互动　中性化风格体现

请同学们说出你所了解的国内有哪些品牌走的是中性风格路线,它们的中性风格如何体现。

任务 5　休闲形象的服饰风格

一、休闲形象的风格定位与表现

(一)定位

随着社会飞速发展,生活节奏日益加快,人们的神经常期处于紧张状态,承受着来自各方面的巨大压力。令人"窒息"的领带、令脚踝受尽"折磨"高跟鞋,人们越来越渴望从身体到心理获得一种放松、休息。休闲服饰由此产生并逐步深入人心,成为当今时尚流行的主流。从十几岁的少年到六七十岁的老人,休闲服饰广为流行。

(二)表现

这一形象首先给人的感觉就是充满朝气与活力,他们热爱大自然,对生活抱以最乐观的态度,对生活充满着无限的热情。他们追求自然随意的生活,通过运动、旅行释放自己,感受自然的气息,因此在日常的着装中都以运动、宽松、随意为主,运动衫、牛仔裤、T恤衫都是他们钟爱的。

二、休闲搭配的几种不同的表现

(一)生活休闲形象

1. 款式造型搭配

宽松简约的服装款式,整体造型以直线为主,累赘、烦琐的装饰被远远摒弃。筒形的牛仔裤、牛仔短裤、T恤衫、宽松的棉或麻质衬衣,再配一双柔软舒适的平底鞋,这就是一个典型的休闲形象了(如图7-37、图7-38)。

图7-37　生活休闲女装

图7-38　生活休闲男装

2. 色彩搭配

来自大自然的原麻色、天蓝色、本白色、岩石色、森林色等中明度、中纯度以及中性的黑、白等能够让视觉感到轻松无刺激的色泽都是休闲型人士的最爱。当然,年轻的女孩子们在色彩上可能会偏向于一些纯度较高、色相明快的流行色。

3. 面料搭配

自然舒适、透气性、吸湿性俱佳的棉、麻材质，有着良好伸缩性的针织面料，还有易洗耐穿的混纺材质都非常适合休闲服装搭配的要求。

4. 配饰搭配

棒球帽、运动鞋是这一风格不可或缺的百搭品，或是配以木质感、纯银质感以及贝壳材质、绳编饰品，草帽，布包等都是生活休闲中不能或缺的搭配。

（二）运动休闲形象服饰搭配

随着人们生活水平的不断提高，人们越来越重视自身的健康，国人的体育运动意识不断增强，在时尚界也掀起了一股运动风的热潮。运动形象成为时尚一族。

1. 款式造型搭配

以各种体育运动服装，如篮球服、足球服、健美操服为基准进行改良的，既适合运动穿着又颇具时尚感的服装系列，外部造型简洁、宽松，结合功能需要内部结构采用拼接和分割，成为钟爱运动时尚潮流人群的风尚穿搭。

2. 色彩搭配

多以高饱和的色彩、对比色搭配，或是大面积黑、灰等无彩色系及深色调的蓝、绿等色系搭配高纯度的红、黄、紫、白、金银等以产生跳跃醒目之感。

3. 面料搭配

可选择柔软、弹性好、吸湿透气的针织材质，莱卡的加入可以使材质更为适体，使用闪光面料可以增加视觉的跳跃性。

4. 配饰搭配

好的运动服还要有好的运动鞋与之搭配，一双好的运动鞋应具备透气性好、鞋面舒适贴脚等特点，鞋底要有一定的厚度，有较好的弹性（如图7-39）。除此以外，棒球帽也是日常穿搭中最常见的单品，当然运动中相应的护具除了运动过程中使用也有年轻人会用于日常穿搭，如护腕、吸汗发带等。

图 7-39　运动休闲形象

(三）休闲运动混搭

运动装固然潇洒，但是一身百分百的运动装扮对于喜欢追求时尚、喜欢有变化的年轻人来说未免有些太过"正式"，毕竟他们可不是专业运动员，除非是在运动时，平时他们可不想这样，但是运动服装的活力动感、舒适随意又被年轻人所钟情，因此，运动服的动感搭配休闲服的时尚恰好迎合了一批年轻人的口味（图 7-40）。看来时下流行的混搭风格才是大快人心。比如，一件用网状弹性运动面料做成的颇具性感味道的紧身背心 T 恤搭配一条工装裤，松紧有致，看似随意却味道十足；再比如，用一件粉色运动 T 恤与灰色热裤搭配，手腕上配戴一个护腕或是一款运动腕表，头戴棒球帽，再来一个大大的品牌运动斜挎包，这样一身装扮定是街头焦点。

图 7-40　休闲运动混搭

课堂互动　国内运动品牌特点

同学们，随着全民健身生活理念深入人心，越来越多的人喜欢走出户外进行体育运动，中国的运动品牌在国际上崭露头角。请以某一国内运动品牌为例进行阐述，说明其运用了哪些运动元素？

在这个时尚日新月异的时代，人们总是愿意通过各种尝试来表达自我，彰显个性，各种流行风尚、时尚形象更迭不穷，任何一种服饰形象都不是绝对的，更不是单一的。随着时代的发展，一定会有更多更鲜明的形象风格出现。因为时尚就是这样，变幻莫测，永无止境。

项目七 典型形象的服饰风格表现

知识大比拼（60分）

说明：填空，每空2分，共计60分。

1. 成熟智慧型的女性着装打扮首先应立足于成熟这一特点上，年龄介于＿＿＿岁，其造型以"＿＿＿"型线及"＿＿＿"型线为主，注重＿＿＿。

2. 时尚前卫风格包括诸多类型表现，其中以20世纪60年代的"＿＿＿"70年代的"＿＿＿"80年代的"＿＿＿"等为影响较广泛的代表。

3. 混搭风格包括＿＿＿、＿＿＿、＿＿＿、＿＿＿等几种常见混搭形式。

4. 浪漫性感形象的服饰搭配最具＿＿＿，外廓形仍以"＿＿＿"或"＿＿＿"形线为主，像一些蓬松而线条流畅的＿＿＿、＿＿＿，是＿＿＿的专有形象。浪漫形象常以优雅的＿＿＿，精致的＿＿＿为主要表现。

5. 中性化是指无显著＿＿＿的无差异特征，其主要特征为＿＿＿和＿＿＿。其主要服饰特征是＿＿＿皆适用的样式或风格，即在＿＿＿的形象中融入＿＿＿，在女性形象中表现出男性形象特质，最为突出的是＿＿＿的中性化表现。20世纪＿＿＿，初次出现了中性化服装。

6. 休闲形象的服饰风格，包括＿＿＿、＿＿＿、＿＿＿。

技能大比武（40分）

说明：以小组形式进行分工训练，各小组以本小组一员或某一位影视明星为对象分析其形象特点，并完成如下训练。

1. 尝试为其搭配一身服饰以更好地彰显其形象特点？

2. 通过服饰搭配改变其外在形象，展现不同风格。

教师来评价

（评价说明：教师根据以下评分标准为学生的技能大比武项目进行打分，也可以根据需要调整各项分值或增减评分项）

1. 发言者语言表达流畅，仪态大方得体。（10分）

2. 团队分工明确，协作效果好。（10分）

3. 服饰形象设计方案设计合理，搭配风格鲜明突出，整体性强，体现出较强的专业性与创新性。（20分）

学生得分总评

知识大比拼分值＿＿＿＿　　　　技能大比武分值＿＿＿＿

 服饰搭配设计

大学生求职面试的服饰形象

在求职面试中，大学生大方得体的衣着打扮不仅会给考官留下良好的印象，也能提高求职学生的自信心，有利于在面试中发挥出自己最佳状态，提高求职的成功率。

面试过程中，无论是男生还是女生，都要对服装和妆容进行合理的选择和搭配。

一、女生服装搭配

1. 衣服与鞋子在任何时间都要保持整洁平整。
2. 全身颜色不超过三种。
3. 避免选择仿名牌的服饰，因为冒牌的衣物在面试过程中是大忌。
4. 如果穿套装裙或连衣裙搭配凉鞋时，可以选择不穿袜子或者穿长筒的丝袜，绝对不能穿只到脚踝的短丝袜。
5. 超短裙、热裤、七分裤、紧身牛仔裤、松糕鞋都不建议选择。
6. 一定避免穿男士的西服或者衬衣。
7. 化妆应选择淡妆，尤其是唇彩的颜色，要选择增加嘴唇水润感的浅色唇彩。
8. 发型要清爽，马尾、直发、利落的短发都很适合。

二、男生服装搭配

1. 衣服与鞋子在任何时间都要保持整洁平整。
2. 切忌身着女性化的服装。
3. 如果穿西服，西服袖商标一定要拆掉。
4. 西服必须用皮鞋搭配，就算是休闲型的西装裤也应搭配皮鞋。
5. 黑皮鞋一定要搭配深色袜。
6. 坚决避免穿西服打领带穿牛仔裤加运动鞋的现象。
7. 不要选择紧身的裤子、T恤和休闲短裤。
8. 发型利落，面部清爽，不要涂抹过多的发蜡发油。

参 考 文 献

[1] 宁芳国.服装色彩搭配.北京：中国纺织出版社，2018.
[2] 张富云.服装艺术造型设计基础.郑州：郑州大学出版社，2016.
[3] 侯家华.服装设计基础.4版.北京：化学工业出版社，2021.
[4] 宋柳叶.服饰美学与搭配艺术.北京：化学工业出版社，2019.
[5] 村山佳世子.穿搭黄金法则.赵百灵，译.海口：南海出版公司，2020.
[6] 陈牧霖.穿对颜色才美丽.南京：江苏凤凰美术出版社，2020.
[7] 艾莉森•弗里尔.穿衣的基本.丁晓倩，译.北京：中信出版社，2018.
[8] 矶部安伽.越穿越搭.张齐，译.南京：江苏凤凰科学技术出版社，2020.
[9] 徐萌.精致形象管理：时尚穿搭大全.北京：中国铁道出版社，2019.

高等职业教育新形态教材

服饰搭配设计

（第三版）

配套实训练习卡

实训一　服装款型搭配实训练习

▶ 实训目标

1. 能够对不同的体型特征进行准确分析
2. 进一步把握服装款型的构成要素
3. 洞悉服装款型之间的组合规律与要求
4. 熟练应用不同服装款型的搭配
5. 能够根据体型特点进行服装款型的选择

▶ 实训要求

认真分析下列男性与女性体型的特点,通过选择不同服装款型弥补人体不足,提升服饰形象。

▶ 实训任务

通过在体型图上贴服装款式实物图或手绘服装款式的方式进行表现。

男性体型 1

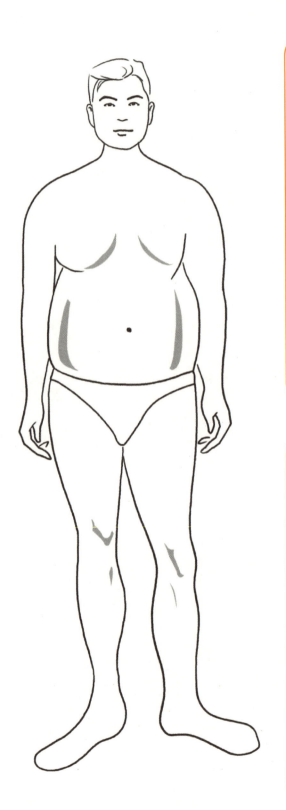

体型特点分析：

款式组合分析：

男性体型 2

体型特点分析：

款式组合分析：

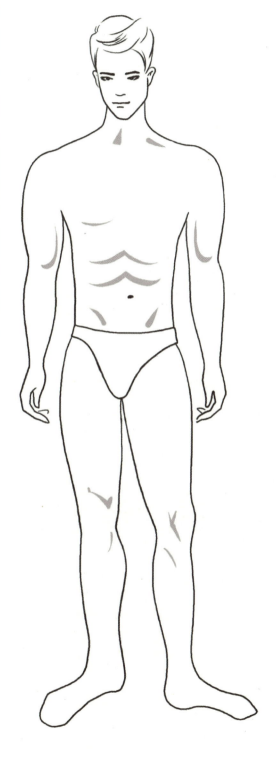

女性体型 1

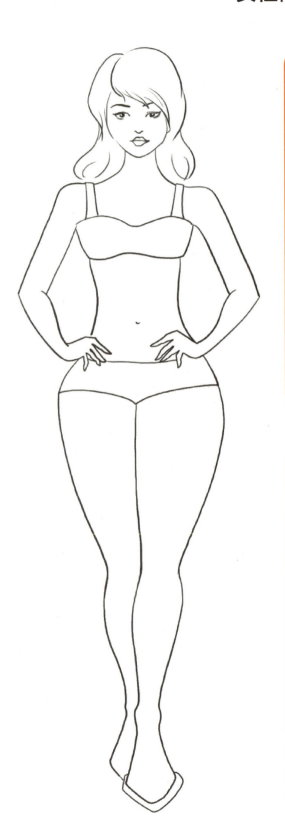

体型特点分析：

款式组合分析：

女性体型 2

体型特点分析：

款式组合分析：

实训二　服装色彩搭配实训练习

▶ 实训目标

1. 牢固掌握服装色彩的基本知识
2. 洞悉服装色彩的搭配方法
3. 熟练且正确地进行服装色彩的组合
4. 能够根据四季色彩理论结合服装款式、穿着场合进行服装色彩的搭配

▶ 实训要求

认真分析下列服装款式的特点，根据配色要求，完成服饰色彩的搭配。

▶ 实训任务

通过在服装款式图中填充色彩或图案的方式进行表现。

男装色彩练习 1

近似色搭配设计说明：

花、素搭配设计说明：

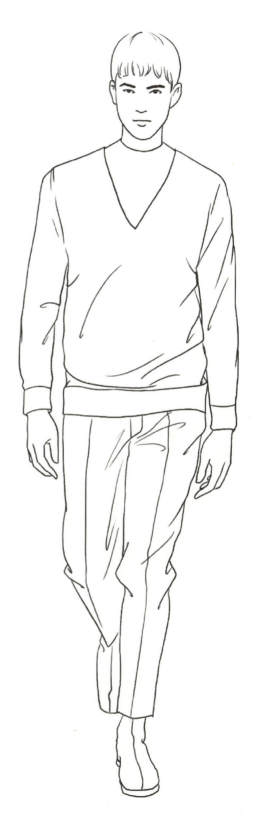

男装色彩练习 2

对比色搭配设计说明：

无彩色搭配设计说明：

女装色彩练习 1

秋季型色彩搭配设计说明：

冬季型色彩搭配设计说明：

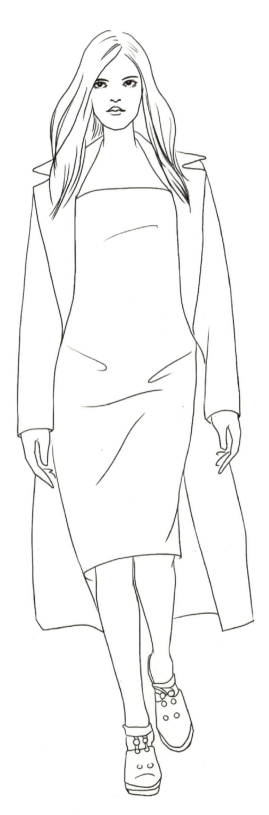

女装色彩练习2

春季型色彩搭配设计说明：

夏季型色彩搭配设计说明：

实训三　服装配件搭配实训练习

▶ 实训目标

1. 牢固掌握服装配件的种类及特点
2. 洞悉常用服装配件在服装中的搭配技巧
3. 熟练应用服装配件之间的组合形式
4. 能够根据服装款式、穿着场合进行服装配件的选择，达到整体服饰搭配最佳效果

▶ 实训要求

认真分析下列服装模特、服装款式的特点，自行设定穿用场合，选择适合的服装配件，完成服饰搭配设计。

▶ 实训任务

结合人体不同部位，绘制出所需要的服装配件。

服装配件设计 1

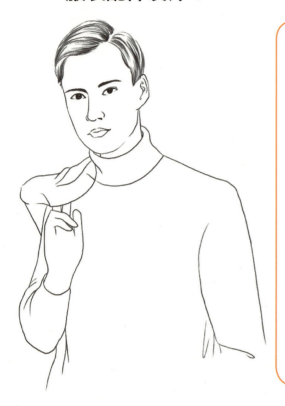

服装配件搭配说明：

服装配件设计 2

服装配件搭配说明：

服装配件设计 3

服装配件搭配说明：

服装配件设计 4

服装配件搭配说明：

定价：65.00元